了解兔兔的130個真心話

兔兔跟你想的不一樣

監修
石毛じゅんこ
老兔安養院『うさこんち』代表
今泉忠明
哺乳類動物學家

插畫
井口病院

前言

各位兔朋友們，大家好。
你的兔兔生活過得還愉快嗎？
雖然我們跟人類很親近，
但我們只有一字號表情，
人類似乎不太能理解我們，
大家有時候會覺得很困擾吧！
就由身為兔博士的我來跟大家詳細解說，
跟人類一起生活容易遇到的麻煩，

以及我們的身體秘密和習性等。
如果大家在讀完本書後，
都能過上更充實的兔兔生活，
那我也會非常開心！
身體健康、長壽、跟飼主保持良好的關係，
希望大家都能過著愉快的兔兔生活！

兔兔老師
石毛じゅんこ

請告訴我！兔兔老師

荷蘭美

荷蘭侏儒兔・♀
個性像女王。

兔兔老師

喜瑪拉雅兔・♀
無所不知的博學兔兔。

兔雄

迷你兔・♂
愛搗蛋。

垂耳太

荷蘭垂耳兔・♂
喜歡撒嬌。

毛毛代

澤西長毛兔・♀
喜歡裝可愛。

毛茸茸

美國長毛兔・♀
個性穩重。

巨子

佛萊明巨兔・♀
很大隻。

里歐

獅子兔・♂
很自戀。

CONTENTS

1章 兔子的心情

2章 兔子的動作

3章 兔子的生活

4章
跟人類的生活

5章 身體的秘密

6章 兔子雜學

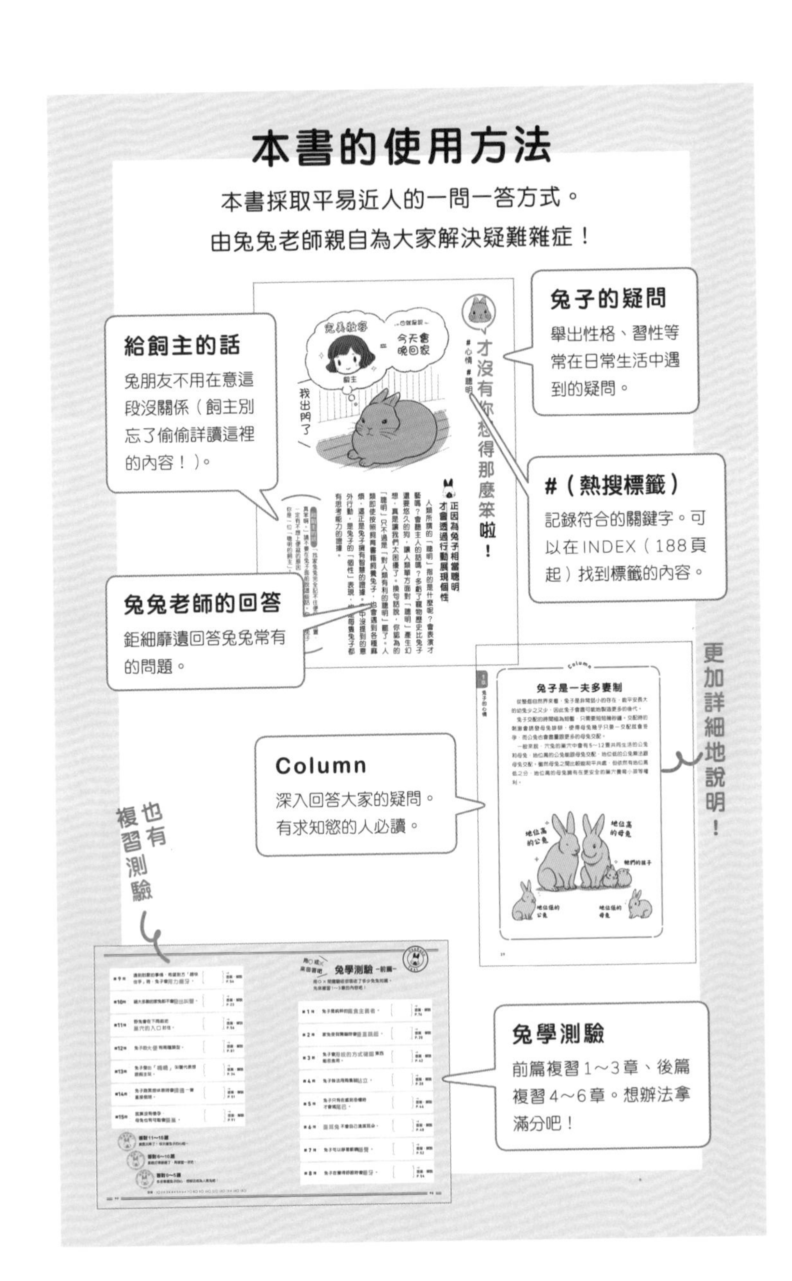
本書的使用方法
本書採取平易近人的一問一答方式。
由兔兔老師親自為大家解決疑難雜症！
兔子的疑問
舉出性格、習性等常在日常生活中遇到的疑問。
給飼主的話
兔朋友不用在意這段沒關係（飼主別忘了偷偷詳讀這裡的內容！）。
#（熱搜標籤）
記錄符合的關鍵字。可以在INDEX（188頁起）找到標籤的內容。
兔兔老師的回答
鉅細靡遺回答兔兔常有的問題。
才沒有你想得那麼笨啦！
#心情 #聰明
我出門了
今天會晚回家
更加詳細地說明！
Column
深入回答大家的疑問。有求知慾的人必讀。
兔子是一夫多妻制
也有複習測驗
兔學測驗
前篇複習1～3章、後篇複習4～6章。想辦法拿滿分吧！

1章 兔子的心情

兔子的心聲隱藏在不經意的小動作裡。
你的真心話已經原形畢露了喔！

才沒有你想得那麼笨啦！

#心情　#聰明

正因為兔子相當聰明才會透過行動展現個性

人類所謂的「聰明」指的是什麼呢？會表演才藝嗎？會聽主人的話嗎？多虧了寵物歷史比兔子還要悠久的狗，讓人類單方面對「聰明」產生幻想，真是讓我們太困擾了。換句話說，你認為的「聰明」只不過是「對人類有利的聰明」罷了。人類即使按照飼育書籍飼養兔子，也會遇到各種麻煩，這正是兔子擁有智慧的證據。書中沒提到的意外行動，是兔子的「個性」表現，也是每隻兔子都有思考能力的證據。

給飼主的話　「我家兔兔完全記不住便盆的位置，真笨啊。」請不要在兔子面前說這些話。你家的兔子一定有不想上便盆的原因，能發現問題所在，才代表你是一位「聰明的飼主」。

Column

兔子的性格

兔子的性格分成天生形成的性格，以及受到後天飼育環境影響養成的性格。有些兔子天性膽小，有些兔子個性大剌剌不拘小節。不同的飼養方式，能強化或改變兔子的天生個性。每隻兔子都有自己的個性，不能用「兔子的個性就是○○」來統一概括。儘管如此，兔子這種動物的個性依然有共通點，以下介紹兔子的個性特徵。

好強

在自然界中，強者才有辦法生存下來。在兔子的集團裡，也有「地位高」和「地位低」的上下關係（39頁）。「地位高」的兔子擁有更好的傳宗接代環境，「地位低」的兔子則是虎視眈眈地想爬上「高位」。

很有自己的想法

兔子會直接表現出自己的想法。「我想吃那個」、「快給我飯」等，像這樣表達自己的心情。發現飼主有所反應後，兔子會更積極主張自己的想法。但其實不管飼主有沒有回應，兔子通常也會先表現出自己的想法再說……。

一定要吃！

#心情 #吃

為了讓腸道充分蠕動無時無刻都需要進食

沒想到人類竟然會以為我們是貪吃鬼……，真是太遺憾了。我們一直吃東西才不是因為貪吃呢！兔子是純素食主義者，過去在野外生活時，不管愛不愛吃，我們也必須一邊警戒四周，一邊吞下眼前的葉子或嫩芽，但這類植物的營養價值極低，需要大量攝取。此外，不同於其他草食性動物，我們的消化系統非常特殊（156頁），必須隨時進食，維持腸道充分蠕動，否則會導致消化系統出問題。

給飼主的話 為了維持腸道充分蠕動，請讓兔兔盡情享用含有豐富纖維質的牧草吧！不過，兔子跟人類生活久了，發現還有其他更好吃的東西後，可能會變得不愛吃熱量低又沒有味道的牧草。

最喜歡奔跑了！

#心情 #運動

離開籠子自由自在地奔跑

呀吼～！在外頭盡情奔跑最爽快了！我們強健的腿部肌肉（155頁）就是要在這時候派上用場呀！過去在野外生活時，四處逃竄是為了躲避周遭的敵人，現在跑來跑去只是單純覺得很開心。啊，跑著跑著肚子也開始咕嚕咕嚕叫了，肚子餓的時候飯吃起來特別香！這樣才有活著的感覺。順帶一提，兔子不會悠哉地慢步移動，不管到哪裡都是用衝刺的，因為慢慢走很容易被敵人盯上……。

給飼主的話 我們的祖先「穴兔」的生活範圍以巢穴為中心，只會移動到附近的區域而已（174頁），因此兔兔生活不需要寬敞的活動空間。請每天都讓兔兔在安全的室內或有圍欄的遊戲區盡情玩耍。

呀吼——!

#心情 #垂直跳起

開心的時候會跳來跳去

哇!真是連NBA球星也自嘆不如的完美跳躍呢!每次被放出籠子時,我們都會興奮到想跳來跳去。在跳起來的同時甩動頭部,或是用「空中扭腰」的姿勢扭動身體,開心程度會加倍喔!

當家兔做出這種垂直跳起的動作時,代表牠覺得「開心」、「愉快」或「興奮」,但若換成野兔,則可能是巢穴遭到天敵白鼬襲擊,所以才緊張到用垂直跳的姿勢從洞裡逃出來。

給飼主的話 兔子被放出籠子時會非常開心,可能會垂直跳起來或在空中扭動身體。為了避免進入興奮狀態的兔子受傷,飼主在打開籠子前一定要先確認環境安全。

嗚喔——！

#心情 #衝刺

衝刺是開心的表現

哈哈，你是喜歡在房間裡繞圈圈的類型嗎？我比較喜歡左右來回跑。你不知道我在說什麼？我在說跑步的方式啦！看著你開心奔馳的模樣，就知道我們兔子也有很多不同的跑步方式。以前還在野外生活時，左右來回跑是為了躲避敵人的追捕，現在左右來回跑則是在玩模擬遊戲，假裝「有狐狸追來了」。這種遊戲很好玩喔♪年輕的兔子特別喜歡衝刺，還經常露出得意洋洋的表情。

給飼主的話 飼主除了要避免愛兔在衝刺時受傷以外，若能跟牠說「你很開心呢～」、「好棒喔！」等，分享牠的喜悅，牠會覺得更開心。當兔子因恐懼而狂奔時，牠的眼睛會瞪大，露出跟平常完全不同的表情。

用鼻子發出噗噗聲

#心情 #鼻子發出聲音

並不是刻意為之是自然而然發出的聲音

「噗噗……」哎呀哎呀，我還以為是什麼怪聲，原來是你用鼻子發出的聲音啊。不用害羞，我也常常發出這種聲音，這是代表幸福的聲音。當主人摸摸很舒服的時候，或是想撒嬌的時候，我們都會從鼻子發出這種輕柔的聲音。人類用鼻子發出聲音可能會被人嘲笑，但我們兔子不用擔心這種問題，聽到你發出這個聲音時，主人甚至有可能會喜出望外，更溫柔地愛護你呢！

給飼主的話 這是一種非常微弱的聲音，要靠很近才能聽到。可能要貼近兔子的身體，豎耳聆聽才會聽見。聽到兔子發出噗噗聲時，請好好疼愛牠，不要只顧著笑，否則會傷害到牠的心靈。

Column

不會發出聲音的兔子要怎麼叫？

兔子的「聲帶」並不發達，無法像其他動物一樣發出聲音。一般認為是因為兔子過去在野外生活時，擔心叫聲會傳入敵人耳裡，所以才不用聲音交流。在以下幾種情況下，兔子會發出類似叫聲的聲音。

雖然是從鼻子發聲，但聲音相當大。兔子會在憤怒、恫嚇、發情等亢奮狀態時發出這種聲音。

躲在巢穴的幼兔遭到敵人襲擊時，會發出「嘰嘰」的高亢聲音。這是在感受到劇烈恐懼跟疼痛時發出的悲鳴（34頁）。

鼠兔會發出「叫聲」

「鼠兔」的外型如天竺鼠，公兔會發出「嘰嘰」聲，母兔會發出「嗶嗶」聲。鼠兔棲息在岩石地帶，會用叫聲宣示自己的地盤。

我的睡姿不好看嗎？

#心情 #翻肚睡

在安心的地方才敢用毫無防備的姿勢入睡⋯⋯

兔子無時無刻都有可能成為敵人的目標，必須隨時保持高度警戒。明明是這樣才對⋯⋯。哎呀，你的睡姿還真是不成體統～沒關係，沒關係的，這副模樣正是和平的象徵嘛。熟睡時大膽露出脆弱的腹部，正是兔子安心的證明。反正家裡又沒有敵人，這樣睡也沒關係的。至於兔子真正的睡姿，反正你不需要知道！知道後可能會大受衝擊⋯⋯。（52頁）

給飼主的話 就算沒有直接把肚子露出來，把雙腿往後伸或把頭靠在地板等無法迅速逃跑的姿勢也都是兔子安心的證明。不過，當天氣太炎熱時，兔子也有可能會採取這種睡姿，飼主別忘了要留意室溫。

請不要來找我！

#心情 #躲起來

「這裡沒有兔子喔！」你是想這麼說嗎？

咦？你在玩躲貓貓嗎？抱歉，我講小聲一點，不要讓你的主人聽到……。不過，你的鼻子好像有點露出來喔！原來如此，你是為了觀察敵人（主人）的動靜，所以才把注意力放在眼睛和耳朵上。你覺得主人好像想把你關進籠子裡，把你帶到可怕的地方？你還真是敏銳。

我每次從籠子裡出來時，如果想單獨靜一靜，都會躲到窗簾後面。在那裡不會有人來吵我，可以放鬆休息。我是個喜歡享受獨處時光的成熟大人。

給飼主的話 發現兔兔躲在窗簾後面想假裝自己不存在時，請不要管牠，太煩人可是會被討厭的。不過，若是要帶兔兔去醫院等逼不得已的情況，還是得硬把牠拖出來……。

這是什麼啊～？

#心情 #好奇心

處在安全的環境才能發揮好奇心

等等！不要隨便接近！今天才突然冒出來的陌生物品，搞不好是陷阱喔！以前還在野外生活時，我們就是對「跟平常不一樣的東西」很敏感，才有辦法保住一條小命的不是嗎？對陌生的東西感到好奇，有幾條命都不夠喔。……開玩笑的，雖然我像這樣嚇唬你，但住在人類的家裡不會有致命危險啦，只是還是不能掉以輕心就是了！好奇心旺盛也是兔兔聰明的證據喔！

給飼主的話 遇到陌生的東西或人類時，有些兔兔會充滿好奇地接近，有些兔兔則會提心吊膽地慢慢靠近。請不要嚇到膽小的兔兔，默默守候著牠吧！明白沒有危險性後，牠就會放心解除警戒了。

對新的地方感到好奇

#心情 #壓低身體

確認能不能成為地盤吧！

跟在主人身後跑，結果來到陌生的地方……。這裡一定是某個你還沒踏入過的房間吧！既然如此，那就提高警覺探索一番，看看這裡能不能成為新地盤，你覺得如何呢？為了方便在稍有不對勁就立刻奔回巢穴（籠子），探索時最好把身體壓低一些比較好喔。

當主人帶你到兔友家作客時，你等於入侵了別隻兔子的地盤，這時候最好乖乖服從對方，才是明智之舉。

給飼主的話 野生兔子除了會在巢穴附近移動以外，有時還會稍微擴大活動範圍。尤其是年輕的公兔，會被要求離開從小生長的巢穴，尋找自己的新家。當兔子認定新房間是自己的地盤後，牠可能會在房間裡撒尿做記號。

情報收集中！

#心情 #兔子站

用自己的耳朵和鼻子確認情報吧！

嗯？是有什麼聲音嗎？……沒事就好，看到你突然站起來，害我嚇了一大跳。人類把這種站起來的姿勢稱為「兔子站」，聽說是入選兔兔可愛姿勢前10名的超人氣姿勢。這樣一看，人類還真是無憂無慮……，我們可是拚了命在尋找聲音的源頭，很認真在嗅味道呢！據說是因為我們以前生活在野外時容易遭到植物阻擋，所以在才會在警戒周圍時把身體抬高。

給飼主的話 經常站起來的兔子，不是好奇心旺盛就是警戒心過強。毫無徵兆突然站起，可能是聽到了人類聽不見的聲音；面向飼主站起，則是希望飼主「一起玩」或「關心我」。

我討厭這些東西

#心情 #不擅長

兔子有很多討厭的東西和不擅長應付的東西

不熟悉的環境和移動都很討厭呢……。吵雜的噪音、遭到粗暴對待、狗和貓等捕食動物的存在、感情不好的兔子等種種存在，都會成為兔子的壓力。如果可以的話，我們一輩子都不想接近這些難以應付的東西，雖然總會有事與願違的情況就是了……。只不過，兔子一點都不想忍耐，也完全不需要忍耐！炎熱的夏天、寒冷的冬天、梅雨的濕氣，這些問題都能靠空調解決。至於抱抱和看醫生嘛……，如果飼主能想辦法讓我們習慣就好了。

給飼主的話 雖然希望飼主盡量不要嚇到兔子，但似乎也有很多兔子不擅長應付愛擔心的神經質飼主。頻繁的碰觸會對部分兔子造成壓力。大部分的兔子都喜歡想要有人陪的時候會陪在自己身旁的飼主。

我不喜歡！

#心情 #跺腳（用力踏腳）

覺得不開心的時候就「跺腳」吧！

怎、怎、怎麼了！……啊，今天吃飯時間太晚，惹你不開心了嗎？還以為是有敵人來了，嚇死我了。這個用後腿咚咚踏地的動作，被稱為「用力踏腳」（通稱「跺腳」）。我們在聽到陌生的聲音或聞到奇怪的味道，警覺「好像怪怪的」、「必須趕快警戒」時，會做出這個動作。在野外生活的兔子，也能用跺腳的方式通知躲在地底的同伴有危險。不過，人類似乎以為「跺腳＝生氣」，會馬上端出飼料給我們吃。

給飼主的話 似乎有很多飼主把「跺腳」跟「不開心」畫上等號，戰戰兢兢地想安撫兔子的心情，但其實兔子並沒有不開心，飼主直接無視也沒關係。若過度安撫，可能會讓牠養成經常跺腳的習慣喔！

Column

兔子很容易生氣嗎？

「我家的兔子經常跺腳」、「一把手伸進籠子牠就想咬我」，似乎有很多飼主因此認定「自家兔子很愛生氣」。能讓飼主產生這種想法，對我們來說也許更有利，但覺得兔子「愛生氣」，其實是個天大的誤會。

「跺腳」和「咬手」都是一種出自「恐懼」心理的表現。我們兔子經常成為敵人的獵物，留下恐怖的回憶，是非常弱小的存在。但我們無法像貓狗一樣表現出「恐懼」的心情，或許是因為如此，飼主才猜不出我們其實是在「害怕」，誤以為我們在「生氣」。

當飼主以為兔子「愛生氣」時，或許會心存畏懼，但若明白牠只是在「害怕」，又會變得如何呢？只要理解兩者的差異，就能改變與兔子的相處方式。

我想要縮小

#心情 #耳朵貼背

警戒時會把耳朵貼在背上，全身縮起來

你怎麼了？怎麼縮成這麼小隻？……喔喔，那個黑色的眼睛是一種名叫「單眼相機」的昂貴照相器材，它不會傷害你的，不用害怕。

野兔遇到危險情況時，就算躲進草叢裡，長長的耳朵也很顯眼，因此必須把耳朵貼在背上，讓耳朵跟身體融為一體，並且盡量把身體縮小。我們家兔也繼承了這個習性，在感覺到危險時，會先把耳朵貼在背上後，縮成一團趴在地上。

全身放鬆時，我們的耳朵也會貼在背上。

給飼主的話 兔子在感受到危險時和放鬆時都會把耳朵貼在背上，只要觀察全身的狀態，就能輕易分辨牠的身體是否正在用力。兔子覺得摸摸很舒服時，一定會把耳朵貼在背後，像是全身都融化一樣貼在地面上。

不要嚇我！

#心情 #眼白

驚嚇瞪大眼睛時會露出眼白

「哈啾！」飼主突然發出轟天巨響，害你被嚇到了吧~他不是故意要嚇你，這是一種名叫打噴嚏的生理現象。不過，我們兔子不曉得什麼是打噴嚏，受到驚嚇時會瞪大雙眼，露出眼白（69頁）。發現沒有特別的事情發生後，就會馬上恢復原本的黑眼珠了，飼主不用過度擔心。

兔子在開心玩耍或情緒亢奮時，也有可能會露出眼白。

給飼主的話 人類認為的「小事」（例如相機的閃光燈等），都有可能會嚇到兔子。尤其是見識不廣的幼兔，一有風吹草動就容易受驚嚇。請飼主不要大驚小怪，讓兔子慢慢熟悉生活中的各種聲音。

害怕MAX！

#心情 #嘰嘰叫

覺得「好可怕！」「好痛！」的時候會發出「嘰嘰」的叫聲

穴兔平常不會發出叫聲（23頁），但在遭到敵人攻擊，感到萬分恐懼時，會發出高亢的「嘰嘰」聲。其他兔子在聽到這種叫聲後，便會迅速逃回巢穴之中。

身為家兔的我們若發出這種聲音，代表可能正受到某種與遭襲擊同等的巨大威脅……，我曾聽過有兔子在離世前會發出「嘰嘰」聲。但聽說有些兔子被帶到醫院或美容院剪指甲，或是在戶外「散步」時也會發出這種聲音。

給飼主的話 「嘰嘰」聲是一種充滿痛苦的聲音，光用聽的就能感受到兔子正在恐懼。飼主聽到這種聲音時或許會被嚇到，但必須趕緊恢復冷靜，尋找導致兔子發出聲音的原因，別讓牠繼續處在恐懼中。

#心情 #驚慌失措

「好恐怖！」「快逃啊！」陷入恐慌

天啊！瞧你怕得如此驚慌失措，到底發生什麼事了？

我們兔子在覺得「不妙」時，會出現「必須快點逃跑」的想法。不過，被關在小小的籠子裡根本無處可逃，即使在籠外也不曉得該逃到哪裡才好，導致恐慌情緒不斷加深。不僅如此，有時候聽到飼主大喊「你怎麼了！」，反而會讓我們更加驚恐。

給飼主的話 若連身為群體領導人的飼主也驚慌失措，兔子會認定「情況果然不妙」，更加惶恐不安。請飼主務必用沉穩的態度安撫兔子。若兔子在籠外陷入恐慌，一定要鋪好軟墊等，以免牠衝撞牆壁。

總覺得坐立難安

#心情 #發情

這就是戀愛的徵兆

雖然待在籠子裡卻完全靜不下心來，現在就想要得到母兔。這時候如果剛好跟母兔同居，可能忍不住想馬上求婚了。身為公兔的你，一年到頭都處於發情期，但母兔每經過4～17天的接受期（能接受公兔求婚的時期）後，都會有1～2日的休息期（對公兔毫無興趣的時期）。是否要接受你的求婚，全依母兔的心情。

如果身旁沒有母兔，就只能靠飼主或玩偶轉換心情了。

給飼主的話 每隻兔子的性慾強度都不同，有些兔子對異性毫無興趣，有些兔子會極度渴求異性。發情期無法求歡是一件很難受的事情，但隨著年齡增長，性慾會逐漸降低。動了結紮手術後，性慾也會降低到一定程度（137頁）。

鎖定那個小可愛！

#心情 #磨蹭

做出這個姿勢時自然而然就想擺動腰部

你找到能讓你擺動腰部（騎乘）的對象了嗎？真是恭喜你。不管是飼主的手還是玩偶，只要是能乖乖任憑自己擺佈的東西，都想騎上去擺動腰部，這就是兔子的天性。不光是公兔，母兔也會做出擺動腰部的動作。至於這個動作有沒有包含愛情的成分，就要由兔子自己決定了。

如果生出小兔子會造成麻煩，就必須停止這種行為。不過，對我們兔子來說，留下後代並沒有什麼不好，因此會想出手制止的應該只有飼主吧……。

給飼主的話 如果不想生小兔子，就絕對不能把沒結紮的公兔和母兔關在一起，即使是幼兔也必須小心，因為兔子的繁殖力非常驚人，我曾聽過關在不同籠子也隔空（？）懷孕的例子。

對同性蠢蠢欲動？

#心情 #騎乘

這是為了展現自己的高地位是很正常的行為

騎乘在異性身上求歡是為了繁衍後代，但有時候也會看到兔子騎乘在同性身上的畫面。雖然不能否定同性戀的可能性，但在絕大多數的情況下，兔子這麼做是為了展現自己的高地位。

只要對方猛力掙扎，你就無法順利爬到對方身上。不同於不會抵抗的玩偶，活生生的兔子不願意被騎乘時，大可掙扎抵抗。若對方乖乖讓你騎乘，代表他認同你的地位比自己還高。

給飼主的話

兔子騎乘到飼主身上，可能是想傳達自己的愛意，也有可能是輕視主人，心想「肯讓我騎乘，代表我的地位比你高」（136頁）。若不想被兔子騎乘，請在牠試圖做出騎乘動作時從牠的面前離開。

Column

兔子是一夫多妻制

從整個自然界來看，兔子是非常弱小的存在，能平安長大的幼兔少之又少，因此兔子會盡可能地製造更多的後代。

兔子交配的時間極為短暫，只需要短短幾秒鐘。交配時的刺激會誘發母兔排卵，使得母兔幾乎只要一交配就會受孕，而公兔也會盡量跟更多的母兔交配。

一般來說，穴兔的巢穴中會有5～12隻共同生活的公兔和母兔，地位高的公兔能跟母兔交配，地位低的公兔無法跟母兔交配。雖然母兔之間比較能和平共處，但依然有地位高低之分，地位高的母兔擁有在更安全的巢穴養育小孩等權利。

反抗期

喜歡的食物

我最喜歡吃草莓了！
嚼
嚼
我喜歡吃香蕉
但是主人說吃多會蛀牙，很少給我吃～
嗚～
我的主人說吃多會發胖真沒禮貌！
我最喜歡吃牧草了
巨子小姐
而且不管吃多少都不會胖！
砰—
對、對啊……
最近主人讓我太不爽了，我決定要反抗他！
咦！你要怎麼做？
在不是便盆的地方亂大便
我吃飽了！
把飼料全部吃光光，增加伙食費支出
然後趁他忙碌的時候躺在他的面前！
這種健康的反抗真不錯呢
跟平常沒兩樣吧……

2章 兔子的動作

不經意的小動作其實暗藏玄機。
說不定能透過這些動作，
窺伺自己不為人知的心情喔……

我最喜歡咬東西了

#動作 #咬

就算知道不能吃下肚還是會忍不住想咬

你怎麼在咬這種東西，這一點也不好吃喔。……失禮了，原來你知道這不是食物呀！

人類的小嬰兒看到任何東西都想往嘴裡塞，兔子也是透過咬的方式來掌握東西的情報。咬柱子是為了磨牙，咬電線是因為剛好落在腳邊，激起好奇心，而且咬起來口感很好，不過這可是非常危險的行為。

當主人露出可怕的表情鄭重警告你「不可以亂咬」時，你最好乖乖聽話。

給飼主的話 野生的兔子懂得挑選營養價值高的植物食用，也會遠離有毒植物和不好吃的植物。不過，家兔不懂得辨別危險，飼主絕對不能把咬了會有危險的東西放在牠附近！

咬籠子就能被放出來？

#動作 #咬籠子

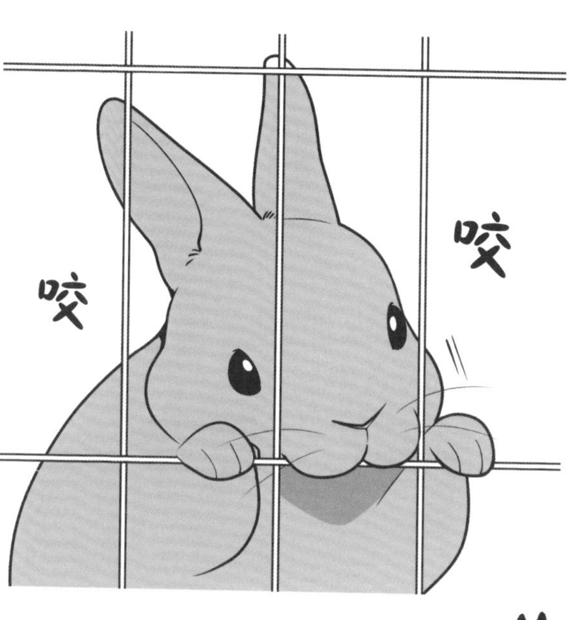

這是強調自身要求的手段之一但是對牙齒不好

發現你在咬籠子時，飼主會一邊喊著「不要再咬了」一邊接近你。——這就是你的目的吧？不枉你故意去咬又硬又難吃的籠子。接著飼主會開始揣測你的想法，猜你是「想出來玩」還是「想吃點心」，然後把你從籠子裡放出來或給你點心吃。咬籠子能讓我們兔子得到各種好處，嘗過一次甜頭後，當然會想繼續咬籠子。

給飼主的話 只要學會了一件事，兔子就會重複去做。不過，籠子咬久了可能會造成牙齒變形，導致咬合不正。發現兔子在咬籠子時，飼主最好直接無視，或是換成適合咬的材質。

忍不住想要挖地

#動作 #挖挖

就算是不能挖的地方也無所謂

努力挖應該能挖出洞來……，你應該不是抱持著這種挑戰精神在挖地吧？籠子和地板不管再怎麼挖也挖不出洞來，這種事我們從一開始就知道啦！但就算只是做做樣子，我們也會覺得很滿足。家裡幾乎沒有能挖出洞的地方……，不對，有能挖出洞的地方喔！沙發？抱枕？真有你的～不管是公兔還是母兔，每一隻穴兔都是挖洞高手。比起派出1、2隻兔子單打獨鬥，還是大家齊心協力，才能挖出更大、更複雜的巢穴。

給飼主的話 若飼主擔心沙發或地毯等傢俱被挖出洞來，請把這些東西挪遠一點，準備其他能挖的東西，像是鋪一層厚厚的牧草，或擺放市售的稻草坐墊等，讓兔子挖得盡興。

Column

兔子會學習

我們兔子是相當聰明的動物，擁有「學習」能力。只要有過一次經驗，就會懂得在行動前預測「做了這樣的事情後會發生怎樣的事情」。

舉例來說，如果兔子曾在聽見呼喚後跑到飼主身邊，並得到小點心，牠就會學習到「聽到飼主呼喚後跑過去就會有好事發生」。如果兔子曾在進入外出籠後被帶到醫院，留下恐怖的回憶，牠就會學習到「進入外出籠會遇到可怕的事情」。

為了跟不是同類的人類和平共處，我們兔子必須適時做出聰明的舉動，其中包括咬籠子等人類會想出手制止的動作。不過，我們兔子只要學習到「這麼做會有好事發生」，通常就不願意停止該動作。

爬上這裡探出頭來就有
小點心可以吃喔！

我知道如果我不吃牧
草，主人就會拿更好
吃的東西給我吃。

無法掩飾興奮情緒

#動作 #搖尾巴 #搖屁股

兔子搖尾巴的方式有上下搖動跟左右搖動

「那傢伙竟然像狗一樣搖尾巴。」說出這種話的你，尾巴不也正在左右搖動嗎？兔子在得到小點心時，或是能自由奔跑時，換成人類的說法就是覺得「好開心！」、「好快樂！」、「心情真棒♪」等時候，經常會忍不住甩動尾巴2、3次。我們並不是刻意要將自己興奮的心情昭告天下，只是肌肉會在無意識間自己動起來，帶動尾巴左右搖擺。此外，兔子在交配時尾巴也會擺動，但這時候是上下搖動。

給飼主的話 兔子不會像狗一樣用尾巴表達喜怒哀樂，但仔細觀察會發現「兔子在某些時候也會搖尾巴」。有時候兔子在吃愛吃的東西時，也會一邊搖屁股一邊開心地品嘗。

徹底清除身上所有的味道！

瞧你舔得如此起勁，你還真是愛乾淨呢！你說飼主手上的味道沾到你身上了？啊，快看，飼主正露出有點難過的表情看著你呢！但這也是沒辦法的事，人類或許不明白，我們兔子只要身上一沾到異味，就會急著想馬上把味道清掉，否則根本無法安心，因為以前在野外生活時，身上的味道可能會吸引敵人。希望飼主不要太在意，不要覺得「兔子竟然這麼想清掉自己的味道」。

給飼主的話 兔子經常會用舔毛的方式消除身上的味道，同時也會把掉落的毛全部吃下肚。因此，在換毛期時，飼主一定要積極幫兔子梳毛。有些兔子也會幫其他兔子舔毛，作為友好的證明喔！

「Timotei」是什麼意思呢？

#動作 #洗耳朵

兔子清洗耳朵的動作容易讓人聯想到某個廣告

我的飼主跟我說「Timotei」是個洗髮精品牌，有一定年紀的人只要一聽到這個牌子，腦中都會浮現出金髮美女洗頭的廣告。由於廣告中金髮美女洗頭的模樣酷似垂耳兔洗耳朵的姿勢，因此人類便把兔子洗耳朵的動作稱為「Timotei」。對我們兔子來說，耳朵是非常重要的器官，必須用前腳夾住後謹慎清洗，但人類似乎覺得這個姿勢「超可愛♡」。不過，就算是立耳兔也會洗耳朵喔。

給飼主的話 雖然兔子會自己洗耳朵，但飼主還是必須定期把垂耳兔的耳朵掀起來確認有無異味或汙垢，一發現有異樣就必須馬上去看醫生。此外，耳朵對兔子來說是非常重要的器官，請不要在上面綁緞帶之類的東西喔！

現在休息中

#動作 #伸出腳

放鬆警戒真幸福♪

籠子是我們的私人空間，不會有人來打擾我們，真是幸福啊！雖然兔子最原始的休息姿勢是縮成一團（52頁），但其實籠子就像我們的巢穴一樣，兔朋友大可完全解除警戒。就像人類會有開工模式跟休息模式一樣，當我們待在籠子裡時，就是處於休息模式。我的飼主很清楚這點，所以只要我待在籠子裡休息，他就不會隨便來打擾我。

給飼主的話 請設身處地想想看，當你在休息時，應該不希望被人打擾吧？在兔子進入休息狀態時跟牠親密接觸，當然不會有好結果。兔朋友們應該也會希望飼主不要選在這時候打掃籠子吧？

總覺得好安心呀～

#動作 #倚靠

倚靠其他東西會覺得安心&輕鬆

我完全明白！椅腳、牆壁、飼主的腳、玩偶等，只要有東西可以靠著就會覺得很安心呢～我們的祖先生活在狹窄的巢穴裡，受到此習性影響，比起寬敞的地方，我們更偏好狹窄的地方，如果身體能碰到東西，會覺得更安心。而且有東西可以靠，身體本來就會比較輕鬆呀！

想找東西倚靠時，必須特別小心「人類的腳」。玩偶不會對我們造成危害，但若想靠在人類的腳上，一定要選擇能安心託付身體的對象。

給飼主的話 基本上兔子是一種隨時都處於警戒狀態的動物，倚靠某種東西其實是相當罕見的行為。若兔子安心地靠在飼主身上，代表牠把飼主當成家人。不過，若飼主表現得太煩人，兔子可是會敬而遠之的喔！

撲通！

#動作 #倒地

人類似乎不會像我們一樣用力倒地……

我明明只是四處亂跑後覺得心滿意足想躺下來休息一下，人類卻經常被我嚇到。原來是因為人類目睹這個畫面時，會誤以為我們「跑到一半突然暈倒了」。人類想躺下時，通常會將身體慢慢倒下，因為人類的身體構造跟兔子不同，如果像兔子一樣撲通倒地，肯定會受傷。飼主就算看到兔子突然倒地，也不用擔心牠會撞到頭受傷，在身體構造的影響之下，我們反而不容易像人類一樣慢慢躺下呢！

給飼主的話 上一秒才看兔子四處亂跑，下一秒牠卻噗通一聲突然倒地，飼主也許會大吃一驚，心想「發生什麼事了」。我們兔子只能用這種方式躺下，飼主不必過度驚慌，我們在躺下前會先確認安全的。

一半放鬆一半警戒

＃動作 ＃縮成一團

這才是兔子最原始的「睡姿」

↑快看！怎麼看都不像在睡覺吧？其實這才是兔子最原始的睡姿。把前腳折起來縮在身體下方，頭部保持在高處，睜著雙眼睡覺。這麼睡不僅能迅速察覺到異樣，遇到危險時也能在第一時間逃跑。當警戒程度升高時，也有可能會把腳底踏在地面上睡。若露出肚子睡覺（24頁）的兔子嘲笑你：「明明就在家裡，幹嘛警戒成這樣～」，請你反駁牠們：「這才是兔子最正常的睡姿。」

給飼主的話 飼主看到縮成一團的兔子，可能會擔心「我家的兔子是不是一直都很緊張？」但其實兔子肯在飼主面前睡覺，就已經是牠十分安心的證據了。另外像天氣寒冷的時候，兔子也會把腳折起來縮成一團睡覺。

Column

測試你的放鬆程度

從「睡姿」和「表情」能看出兔子的放鬆程度！

耳朵貼在背上，一動也不動。睜大雙眼確認四周有無危險。

為了獲得味道情報而高速動鼻子。放鬆時動鼻子的速度會變慢，睡覺時會停止動鼻子。

進入睡眠狀態代表已經開始放鬆了，但若將腳底踏在地板上，代表還有一半警戒。

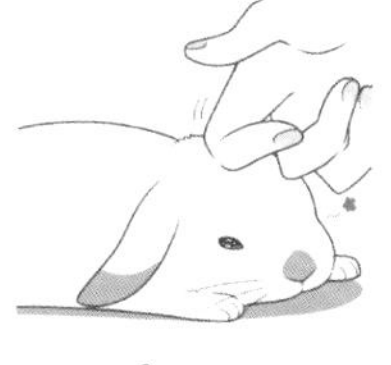

警戒狀態時用力瞪大的雙眼，在安心時會放鬆力氣瞇成一直線。

露出最重要的腹部，閉上眼睛熟睡，代表警戒度已經降到0%了。

為什麼牙齒會發出聲音？

#動作 #磨牙

有開心和不開心兩種意思

會發出磨牙聲其實很不錯喔~因為「喀喀」和「咻咻」等細細的磨牙聲，是兔子感到幸福時會發出的聲音嘛。被摸摸覺得很舒服時，或是累到快睡著時，我們都會放鬆身體的力氣，在不知不覺中輕輕磨擦牙齒。不過，若發出「嘎嘎」、「格格」等明顯的磨牙聲，可能是身體不舒服或壓力過大的警訊（138頁）。當我們被帶去理毛或看醫生，希望人類「快住手」時，也會發出這類磨牙聲。代表我們正在拼命忍耐，牙齒和身體都極度用力。

給飼主的話 人類認為咬牙切齒代表懊悔等負面情緒，看到兔子竟然覺得「舒服」，也許會大感意外。不過，有時候兔子其實也是在忍耐痛苦，請飼主確認兔子是否有食慾、是否過度用力等，從整體判斷兔子的狀態！

打開幹勁開關！

#動作 #打哈欠

用「打哈欠＋伸懶腰」來開啟活動開關

哇喔，你的嘴巴張得超大！嘴裡都看得一清二楚啦！兔子在打哈欠時，平常可愛的臉龐會變得很有喜感，飼主也會興奮地拼命按快門。兔子跟人類一樣會在想睡覺和剛睡醒時打哈欠。打哈欠就像在告訴自己「來吧，開始活動囉！」，能把氧氣送入腦中，開啟活動開關。有時候我們在打哈欠的同時還會「伸懶腰」。這個將腿部完全伸直、一口氣拉長身體的動作，就像人類的「拉筋」一樣，能讓血液流往全身上下，做好活動的準備。

給飼主的話 人類也不曉得自己為什麼會打哈欠。一般認為人類在沒有睡意的時候打哈欠，是壓力太大或生病的警訊。雖然兔子在不睏的時候也會打哈欠，但若發現牠接二連三地打哈欠，請立刻帶牠去看醫生。

我們很擅長燙衣服

#動作 #燙衣服

懂得把布當成土來玩正是兔子有智慧的證據！

看到皺巴巴的布，就想把它弄平整……我也是這樣！飼主還會誇獎我「很會燙衣服」。為了不讓敵人發現躲在巢穴裡的幼兔，穴兔習慣在離開巢穴時用土堵住巢穴的入口。在覺得快要下雨時，也會用土堵住入口。受到此習性影響，我們喜歡把布或地毯當成土，用前腳按壓鋪平。只是好不容易弄平整後，我們又會自己把布挖得亂七八糟就是了。

給飼主的話 把布當成土，又是挖來挖去，又是像燙衣服一樣鋪平。光靠一塊布就能玩得這麼開心，你不覺得很棒嗎？但由於兔子有可能會把布咬破後吞下肚，因此請盡量給牠毛較短或材質較強韌的布或地毯。

這是我的東西！

#動作 #留下味道（磨蹭）

在自己的東西上留下味道才能安心

快住手！你們為什麼吵架？你說那隻兔子搶了你的東西？我聞我聞，看來是因為這個東西上面沒有你的味道呢！如果這真的是你的東西的話，你就應該用下巴好好磨一磨，在上面留下你的味道。以前在野外生活時，我們也會在地盤裡的私人物品上或其他兔子身上留下自己的味道，像在宣示主權說「這個東西（這隻兔子）是我的東西」。你如果不希望飼主被別人搶走，也應該在飼主身上留下自己的味道喔！

給飼主的話 有些堅持在每個東西上都留下味道的兔子，甚至會把下巴磨到掉毛流血，但這是兔子的本能，飼主很難要求兔子停止動作，只能留意別把尖銳的東西放在牠的周圍。若下巴處的腺體隨時都是濕的，代表經常處於發情狀態。

要把味道蓋過去才行！

#動作 #邊跑邊尿（噴尿）

噴尿留下味道

什麼？你說光是磨蹭（57頁）似乎還不足以宣示主權？那建議你可以用尿來強調這是自己的地盤。留下尿液的方法有很多，如果想在每個地方都留下自己的味道，可以在各處分別留下少量的尿液，如果覺得四處跑來跑去太麻煩，也可以直接360度迴旋撒尿，或是趁飼主不注意時偷偷留下一泡尿。跟多隻公兔一起生活的你，或許會覺得噴尿大戰很辛苦，但絕對不要輕易認輸啊！

給飼主的話 有些兔子會噴尿，有些兔子不會噴尿。噴尿是兔子的本能，很難要求兔子改善。噴尿除了能標記地盤以外，還能在喜歡的對象身上做記號，或是攻擊討厭的東西等。兔子有時也會朝著香水等刺鼻的味道噴尿。

Column

兔子的佔有慾很強？

經常用下巴磨蹭或噴尿的兔子，擁有強烈的地盤意識，但其實我們兔子本來就是地盤意識強烈的動物。

我們的祖先「穴兔」世世代代守護著以巢穴為中心的地盤。保護地盤是集團中的公兔（尤其是首領等級的公兔）的責任。首領必須在地盤裡的每個角落和集團成員身上留下自己的味道，讓其他兔子明白這些都是屬於自己的東西。

跟人類一起生活後，兔子會發現人類回家時身上沾滿各式各樣的味道。為了保護自己的地盤，兔子通常會立刻用自己的味道覆蓋過去。

一般認為公兔比較常用尿液標記，但其實就算是母兔，只要擁有想保護巢穴的強烈意識，同樣也會用尿液做記號。也有些公兔不會用尿液做記號。此外，有些公兔在跟母兔求婚時，會在母兔身上撒尿，或是尿在心儀的人類女性身上。

我要扔了喔

#動作 #扔

試著丟了一下，好有趣啊

好厲害！你的丟擲姿勢簡直不輸給鉛球選手！扔東西這個動作並不是我們的習性。儘管我們會叼著幼兔移動，但總不可能把幼兔拋出去吧！但就算沒有扔東西的習性，咬著小玩偶或玩具用力甩出去也實在是太好玩了，所以有些兔子很喜歡這樣丟著玩……。

有些兔子喜歡把食盆或便盆扔出去，製造出巨大的聲響，害飼主嚇一大跳。其實吸引飼主的注意正是我們最大的目的。

給飼主的話 把食盆或便盆扔出去或翻倒，也有可能是想抗議說「這個東西很擋路」或「我的肚子餓了」。飼主在聽到扔東西的聲音後，應該都會把注意力放在兔子身上吧？這時候兔子的眼中說不定有想傳達的訊息喔。

想要發洩不滿情緒

#動作 #用後腳踢

在忍耐後會重複做的動作「真是討厭！」

飼主對你做了什麼討厭的事情嗎？梳毛？剪指甲？你能忍耐真是了不起呢～就算知道你不喜歡這些事情，飼主依然會逼你接受，甚至會跟你說：「這全是為了你好啊！」但討厭的事情就是討厭，為了宣洩不滿的情緒，建議你可以用後腳用力踢地，發出巨大的「咚咚」聲，然後逃到角落躲起來。如果不讓飼主知道你討厭這些事情，他可能會誤以為「我家的兔子很溫馴，會乖乖讓我擺布」喔！

給飼主的話 這個動作跟跺腳（30頁）一樣，是兔子在表達「不喜歡」的心情，但飼主不用過度在意也沒關係，畢竟對飼主而言，梳毛和剪指甲都是必要的事情。咦？我有前後矛盾嗎？

總覺得有動靜！

#動作 #豎起耳朵

「豎起耳朵」是警戒中的證據

嗯？剛才是不是有什麼聲音？聽力太敏銳也滿麻煩的呢！我們的耳朵不僅能聽到隔壁傳來的聲音，連超音波也能聽見。過去在野外生活時，兔子屬於被捕食者，當時這對耳朵就像雷達一樣，能幫助我們及早察覺到危險。就算現在已經跟人類一起生活，不會再遇到危險，我們依然對各種聲音很敏感。朝著發出聲音的方向豎起耳朵，確認有無異樣，但通常不會發生什麼大事就是啦！

給飼主的話 兔子全身緊繃盯著某處看時，通常是在專心聽聲音。發現垂耳兔像要蓋住眼睛一樣把耳朵往前伸，代表牠正在聽聲音。立耳兔會把左右兩隻耳朵轉到不同方向，尋找聲音的來源。

被發現就小命不保了……

#動作 #耳朵貼背

覺得「害怕」時把耳朵貼在背上

噓！我從來沒見過那個人，還不曉得他是敵是友！先把身體縮小，以免對方發現自己的存在，躲在暗處觀察。如果把明顯的長耳朵立起來，對方一下子就會注意到我，所以我把耳朵整個貼在背上。敵人很擅長捕捉會動的獵物，只要靜靜不動，他應該就不會發現我了……。

呼，原來他只是飼主的朋友啦！冷靜想想，待在家裡根本不可能會遇到危險啊！但畢竟這世界發生什麼事都不奇怪，還是謹慎一點比較保險。

給飼主的話 異於平常的狀態會讓兔子感到「害怕」。由於我們無法判斷陌生人和其他兔子是敵是友，因此通常會「提高警覺」。尤其是面對其他兔子的時候，對方說不定也覺得很害怕，甚至有可能會發動攻擊。

發動警戒令！

#動作 #翹起尾巴

露出尾巴的「內側白毛」是「快警戒！」的暗號

又發生什麼事了？你的尾巴怎麼翹起來了？……不是敵人來襲就好。我們的尾巴平常都往下垂落，只有在興奮或緊張時會往上翹起來。野兔的毛色通常是棕色，翹起尾巴時，尾巴內側的白毛會特別顯眼。兔子會翹著尾巴逃離敵人，其他兔子看到其尾巴內側的白毛，就能察覺到有危險逼近。也就是說，尾巴內側的白毛也是能通知其他兔子「快警戒！」的暗號。

給飼主的話 雖然平常被毛覆蓋住，看不太出來，但我們的尾巴其實是相當長的。當我們把尾巴整個翹起來的時候，尾巴會變得非常顯眼。家兔在聞到異於平常的味道或發情時，也會把尾巴翹起來。

Column

One for All？

被人類美化成保護同伴的「美談」，實在是怪不好意思的……。跺腳和翹尾巴等動作確實都能提醒同伴「快警戒！」，但遭到敵人鎖定的兔子，應該不是為了提醒同伴才做出這些動作的。

在人類愛看的電影和連續劇的世界中，偶爾會出現「我來當誘餌，你們不要管我，快點逃跑！」之類的情節，但在現實世界中，人類應該很難做到這種地步吧？沒錯，兔子也是如此，最重要的是保住自己的性命。也許當事者一心只想拼命逃跑，只是因為牠緊張到尾巴翹起來，其他同伴見了提高警覺，明白情況不妙，知道自己也要趕快逃跑。

鹿的尾巴內側也是白毛，同樣會用翹起尾巴的方式通知其他同伴有危險。或許是因為鹿跟兔子同為草食性動物，同樣是被捕食者，所以才形成了這種雖然與自身意識無關卻能保護同伴的共通構造。

嗯？這個味道是……

#動作 #動鼻子

味道是重要的情報來源

動動動……，這是什麼味道呢？再多聞一下好了……。我們的祖先總是能早一步聞到隨風飄來的敵人味道，藉此保住自己的性命。除了敵人以外，我們還能透過味道獲得各式各樣的情報，知道哪裡有繁殖對象或好吃的東西等。因此，只要是在清醒狀態之下，我們隨時都會動鼻子（150頁）。我們鼻子上的「鋤鼻器」相當敏感，能感應到繁殖對象的位置。

給飼主的話 人類想聞味道的時候會用鼻子「嗅」，兔子也是如此，能透過開合的動作來增強嗅覺。兔子在發現危險或好奇的味道時，會加快鼻子活動的速度，確認沒有危險後，鼻子活動的速度也會隨之減慢。

累積了好多壓力啊

#壓力 #拔毛

希望飼主能注意到我壓力很大……

你怎麼會在無意識間開始拔起胸部的毛……，該不會是懷孕了？當母兔懷孕或假懷孕（90頁）時，會自行拔毛築巢，如果不是這兩種情況，那可能是壓力太大了，就像有些人壓力大的時候會不自覺地拔頭髮一樣。兔子的壓力多半來自環境變化，常見的狀況有人類生了小嬰兒、家裡多了新兔子等。如果飼主能注意到我們的生活壓力很大就好了……。

給飼主的話 每個人的壓力來源都不同，兔子也是如此。就像有些兔子喜歡外出，有些兔子覺得出門壓力很大、有些兔子喜歡有人陪伴，有些兔子喜歡獨處。拔毛也許是兔子向飼主發出的求救訊號喔！

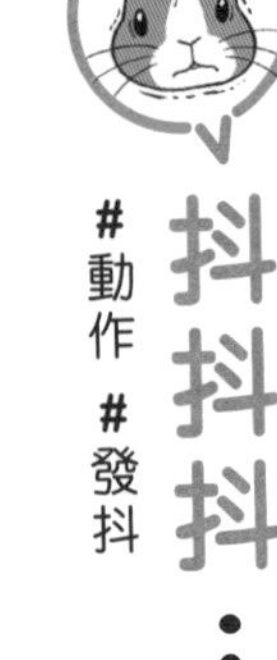

發抖通常沒好事

還、還、還好嗎……？你遇到什麼可怕的事了嗎？被放到醫院的診療台上？不曉得會遭到怎樣的對待，害怕到全身發抖……？我明白，很多兔子都害怕看醫生，但其實你只要乖乖上診療臺待著就沒事了。

兔子發抖的原因包括恐懼、寒冷、身體不適等，跟人類發抖的原因很類似，但這些都不是正常的狀態。雖然我們不是人類，但發抖的時候飼主應該會來關心我們……吧？

給飼主的話 房間太冷、奔跑後心跳加快等，若排除這些原因，發抖可能代表身體不舒服，也有可能是痙攣的前兆，應盡快到醫院檢查。

露出眼白了

#動作 #眼白

兔子瞪大眼睛的原因有很多

冷靜一點！我知道你喜歡吃這個，但你的眼白都露出來了，表情變得好嚇人啊！

基本上兔子在放鬆時，眼睛、耳朵和尾巴都會呈現最自然的狀態，進入「恐懼、緊張、亢奮」等狀態時，臉部和身體會變得緊繃。當眼睛非常用力時，會瞪得比平常還大，眼白也會跟著露出來。兔子害怕到想逃跑時，會把身體壓低，睜大眼睛，露出眼白。若在看到喜歡的東西時露出眼白，代表正處於極為興奮的狀態。

給飼主的話 生活經驗較少的幼兔和膽小的兔子特別容易因「恐懼」而露出眼白。即使人類感受不到，兔子也有可能會對只有自己才能聽到的聲音或味道產生反應。確認沒有危險後，眼睛會立刻恢復原本的大小。

眼睛變得愈來愈細……

#動作 #眼睛變細

放鬆力氣，好舒服啊～♪

啊……，飼主摸摸的技術真棒。全身癱軟無力，好像要融化了……。進入這種幸福狀態時，我們的眼睛會變得愈來愈細。雖然我們總是睜著圓圓的大眼警戒四周，但待在安心的家裡時，偶爾也會躺下身體，把眼睛瞇起來或閉起來。由此可知，兔子眼睛的粗細程度，也代表放鬆程度。

不過，我們在覺得身體不舒服時，也有可能會瞇起眼睛，靜靜地一動也不動。

給飼主的話 飼主可以從食慾來確認兔子是在放鬆還是身體不適。如果發現兔子食慾不振，拿出小點心也不像平常一樣飛奔過來，代表牠可能覺得身體不舒服，最好趕快帶牠去看醫生。

Column

兔兔座談會
喜歡和討厭的飼主的行為

討厭

我的主人會張開雙手，像要抓我一樣追過來！雖然他平常很溫柔，但這時候看起來特別像敵人，超討厭的！

他這樣追你應該只是想「抱你」啦！他完全沒有惡意，這也是一種愛情表現。

為此煩惱的荷蘭美小姐請看→121頁

喜歡

我的主人有時候會整個人躺在地板上，害我嚇一跳。人類是不是都會這樣睡？用這種姿勢睡覺就沒辦法迅速起身逃跑，主人一定毫無防備。這麼一想，連待在他身旁的我也跟著安心了起來。

討厭

每次讓便盆充滿我的味道，或是把尿噴灑在房間各處後，主人都會拿著一個東西，噴出味道奇怪的液體，把我的味道完全消除掉。那個味道奇怪的液體該不會是主人的尿吧？

那是「除臭噴霧」，跟我們噴尿是不一樣的。特別是在兔子年輕的時候，主人跟兔子的味道覆蓋大戰會特別激烈。

中場休息

好難懂

揮
揮
啊！荷蘭美在叫我！
怎麼了？
站起
才不是咧
這只是我們慣性的挖土動作而已。
是喔
揮
揮
揮
又在揮手了～
人家都在叫了你還不快點過來！
哼
咦～根本分不出來～

變形

圓圓的一顆球～
從正面看過來更～加圓滾滾
站起來時很長一條～
站—立
放鬆時會變得更～長一條
癱———軟

3章 兔子的生活

即使跟人類一起生活，也想保持兔子的個性。
如果有好吃的東西當然來者不拒！

他是怎樣的兔子呢？

#生活　#打招呼

兔子的私人訊息全都集中在屁股上！

你真是一隻友善的兔子呢！若想深入瞭解其他兔子，最好的辦法就是聞聞他屁股的味道。我們的屁股上有一對名為「鼠蹊腺」的臭腺（161頁）。只要嗅一嗅從這裡發出的味道，就能判斷對方的性別、年齡、健康狀態，以及跟自己合不合等。不過，絕大多數的兔子都不會允許其他兔子靠近自己的屁股……。啊，兔子便便上面也會沾著同樣的味道，如果對方不讓你聞屁股，你也可以去聞牠的便便喔。

給飼主的話　大膽的幼兔也許會在好奇心驅使下跑去聞其他兔子的味道，成兔則會表現出「別以為你能輕易接近我」的態度，地盤意識較為強烈，一心只想保護自己。請飼主千萬不要強迫兔子們「互相聞屁股」喔！

太陽升起後就是我們的活動時間

#生活 #活動時間

我們的生活步調已經慢慢跟飼主同步了

每當天色逐漸變暗，你就會覺得坐立難安。我明白這種感覺。以前在野外生活時，白天是肉食動物的天下，夜晚又有夜行性肉食動物蠢蠢欲動，弱小的我們只能趁這些動物昏昏欲睡的清晨和黃昏外出活動，因此每到這兩個時間，我們都會覺得體內的血液在翻騰。白天睡覺，傍晚起床，活動到清晨，生活步調明明跟飼主完全相反，一起生活久了以後，我們的活動時間卻會變得跟飼主愈來愈接近，應該要歸功於我們強大的學習能力吧！

給飼主的話　一起生活久了，生活步調會變得跟飼主愈來愈接近，但基本上我們的睡眠時間還是白天，而且每隻兔子的生活步調都不太一樣，絕對不能勉強兔子在白天保持清醒。另外，我們很討厭紊亂的生活步調，一定要保持規律的生活。

我是草食性動物？

#生活 #食物

毫無疑問地是草食性動物

什麼！你成了人類的寵物，吃遍各式各樣的美食後，竟然忘了自己是草食性動物的事實嗎？我們以前生活在野外的時候，不是吃了一大堆草和果實嗎？應該說是只有那些東西可以吃……（淚）。為了讓纖維質豐富、營養成分稀少的草類更容易消化，我們擁有特殊的消化系統（156頁），能將腸子的機能提升到極限。因此，我們必須積極攝取纖維質，讓腸道隨時保持在蠕動狀態。如果不乖乖吃草，我們的消化系統可是會堵塞的喔！

給飼主的話 牧草是我們不可或缺的食物，請讓我們隨時都有牧草可以吃。豆科牧草（紫花苜蓿等）含有豐富的營養成分，適合在成長期或授乳期食用。成兔適合吃熱量低、食物纖維豐富的禾本科牧草（提摩西等）。

世界上竟然有這麼好吃的東西……

#生活 #美食

好吃的東西適量就好 粗茶淡飯最健康

飼主給你吃的東西都很好吃吧！顆粒飼料很好吃，紅蘿蔔和青花菜等蔬菜也很好吃，草莓、蘋果、香蕉等水果更是人間美味！但千萬別忘了，我們是兔子，身體構造跟人類完全不同，吃太多人類的食物容易發胖，危害到身體健康。請飼主把蔬菜和水果當成點心或獎勵就好了。由於兔子會把眼前的食物全都吞下肚，因此飼主必須嚴格把關食物的份量。

給飼主的話 雖說「粗茶淡飯最健康」，但光吃牧草無法獲得充足的養分，還必須配合顆粒飼料才行。這裡的重點是，「以牧草為主食」是兔子保持健康的秘訣。只有在有乖乖看醫生、生病食慾不振等特殊情況，才給兔子吃其他好吃的東西。

我不想吃飯

#生活 #不吃飯

你竟然不明白牧草的美味之處 飼主要負起責任喔！

最近似乎有很多兔子討厭吃牧草。如果稍微鬧個彆扭就能吃到更美味的佳餚，那何樂而不為呀！我們也是懂得從經驗中學習的。不過，牧草也是很好吃的食物喔！吃慣後就會忍不住一口接一口，隨時都想咀嚼，而且牧草本來就是我們身體不可或缺的重要主食，還是得慢慢習慣才行。大家可以先試試新鮮的牧草或香氣濃郁的生牧草。把牧草做成方塊狀的草磚應該會更方便食用喔！

給飼主的話 發現自家兔子不吃牧草時，請不要馬上舉白旗投降，否則會讓牠「得逞」。兔子本來就必須食用牧草，才能幫助腸道蠕動。為了毛小孩的健康著想，一定要讓牠習慣吃牧草！

Column

「健康」是什麼意思呢？

說實在的，如果這世界上有比牧草還好吃的東西，那我們兔子當然會想一輩子都以它為主食。飼主看到我們開心的模樣，當然也會想一直餵我們吃好吃的東西。如此一來，兔子與飼主之間不是就成了互利關係嗎。

……不過，最原始的兔子世界中不僅沒有香蕉，也沒有餅乾、木瓜和鳳梨。這些食物確實都美味又營養，但兔子本來就能從粗食中攝取養分。為了維持腸道正常蠕動，兔子必須積極攝取牧草裡的營養成分「粗纖維」。對兔子的身體來說，最重要的是「攝取大量的牧草」。「美食」和「健康」就像分別位於天秤的兩端。

兔子並沒有維持身體健康的觀念，追求眼前的美食時不會在意這些食物對身體好不好、會不會縮短壽命。為了讓兔子能過得快樂又長壽，把「美食」和「健康」放在天秤上衡量，斟酌最適當的飲食方式，是擁有「健康」和「性命」等概念的人類的工作。

尿尿有2種型態？

#生活 #尿尿

在便盆裡尿尿跟噴尿有不同目的

看到某隻兔子亂噴尿時，你應該會在心裡想「牠真沒禮貌」，對吧？我們兔子是非常愛乾淨的動物，以前還住在巢穴時，就已經懂得在固定的地方尿尿和大便，現在被人類飼養後，也能記住便盆的位置。雖然如此，兔子偶爾還是會用尿來宣示自己的地盤喔！噴尿的定義是把尿豪邁地甩到各處（58頁），目的是留下自己的味道。雖然每隻兔子噴尿的程度都不同，但噴尿是我們的本能，飼主是阻止不了的。

給飼主的話 噴尿是兔子的本能，管教也無效，只能請飼主常用除臭噴霧，並且多多包涵。在同一個地方頻繁噴尿，留下味道後，兔子可能會誤以為該處是便盆，因此飼主最好在兔子噴尿後就立刻清乾淨，別讓味道殘留太久。

便便也有2種型態？

#生活 #大便

沒錯！類型和目的都不一樣

我每天把嘴巴湊近屁股吃下肚的東西，該不會是大便吧……？你終於注意到了嗎？一直以來你都理所當然地直接湊過去，現在才發現已經太晚了。不過沒關係，雖然都是大便，但這種大便跟你在便盆拉出的大便是不一樣的，你吃下去的大便叫做盲腸便。普通的大便是毫無營養成分的排泄物，盲腸便則是經過發酵，含有豐富蛋白質和維生素B的營養食物。盲腸便可以吃下肚，不對，是非吃下肚不可。

給飼主的話 盲腸便是兔子的重要營養來源。如果兔子太胖或生病，無法自行將口部接近肛門，請飼主在牠排出盲腸便後立刻餵牠食用。盲腸便離開身體太久，四周的黏著物會逐漸乾燥，變得不易食用。

「熟睡」是什麼意思呢？

#生活 #睡眠

熟睡……我們跟這兩個字完全無緣

有時候飼主閉上眼睛後，不管你跺腳跺得再怎麼用力，他的眼皮還是闔得緊緊的，你應該有遇過這種狀況吧？我一開始還很緊張，以為飼主死掉了，但這其實就是所謂的熟睡。我們兔子如果像這樣呼呼大睡，可能一下子就會被其他動物吃掉了。兔子的平均睡眠時間約為8小時，不會長時間持續熟睡，而是反覆淺眠。我們在睡覺時也會撐起身體，並把眼睛睜開。怎麼樣，完全看不出來我們在睡覺吧？

給飼主的話 如果看到兔子閉上眼睛躺著，代表牠覺得很安心，但只要一有風吹草動，牠就會立刻驚醒。有時候兔子表面上像醒著，但身體跟鼻子一動也不動（150頁），代表牠正在睡覺，請飼主不要去打擾牠的睡眠喔！

要怎麼打好關係呢？

#生活 #養在一起

初次見面最關鍵 發現情況不妙就要馬上收手喔！

兔子以前在野外時是群體生活，因為群居能提升生存率，而且有同伴也比較方便挖掘巢穴跟尋找繁殖對象，但人類飼養的家兔又是如何呢？雖然有些兔朋友很和藹可親，但絕大多數的兔子都不希望自己的地盤遭到入侵。先主動打招呼，用鼻子或下巴磨蹭對方（57頁），這麼做應該不錯吧？不過，若對方作勢攻擊或明顯感到畏懼，你不管釋出多大的善意都沒用，這時候還是趕緊收手為妙。

給飼主的話 想讓兔子互相認識時，請先把牠們關進不同的籠子裡，讓牠們習慣彼此的味道。有些兔子隔著籠子能好好相處，待在同一個空間卻會大打出手。跟曾經吵過架的對象住在同一個空間裡，會讓兔子壓力很大……。

別入侵我的巢穴！

#生活 #地盤

巢穴（籠子）是我們的聖地 我們當然會想攻擊所有入侵者

我知道你為什麼這麼生氣，與其說是生氣，不如說是害怕……。籠子是我們的私人空間，待在裡面就會覺得很安心，若遭人擅自入侵，當然會想大喊「啊！有壞人！」，然後出手攻擊。這是理所當然的行動，你沒有做錯什麼。不過，如果太常攻擊入侵者，家裡可能會變得愈來愈髒喔……。根據我的經驗，我每次在外頭玩耍時，家裡都會自動變乾淨，你家也裝個自動清掃系統就沒事啦！

給飼主的話 「自動清掃系統」其實就是飼主趁兔子在籠外時，幫牠清理籠子或準備食物。順帶一提，如果飼主每次都用抱的方式把兔子抱出籠外，兔子在發現有手伸進籠內時，也有可能會忍耐，乖乖讓飼主抱起來。

縮在角落真安心

#生活 #角落

就算在寬敞的房間裡也想待在安心的地方

飼主常常跟你說「不要躲在角落，快點出來」嗎？你一定覺得飼主「管太多」了吧。沒錯，真的管太多了，想必人類一定是覺得「寬敞＋沒有亂七八糟的東西＝能開心又安全地活動」，但對我們來說，愈寬敞的地方反而愈不自在。放眼望去都沒有能藏身的地方，萬一被襲擊怎麼辦……。我們心裡可是充滿不安呢！相較於寬敞的空間，角落實在是太棒了。背後有遮蔽物保護，超有安心感。要我們在角落待多久都不成問題！

給飼主的話 飼主想讓我們有更大的活動空間，我們很感謝這份心意。我們在玩耍的時候會玩得很起勁，但有時也想靜靜待在角落，請不要強迫我們移動到寬敞的空間。如果能幫我們準備隧道或木箱等能藏身的地方，我們會玩得更開心。

想鑽進隙縫裡

#生活 #隙縫

喜歡躲在角落的我們 當然也超喜歡隙縫

對對，我懂我懂，你也超喜歡隙縫吧！左右兩邊都被夾住，就像躲在狹窄的巢穴裡一樣。啊，我自己本身並沒有在巢穴居住過的經驗，只是體內細胞還記得這種感覺而已，這樣應該也算數吧！想被夾在中間、想鑽進隙縫裡，這些都是我們的本能。請順從本能，盡情鑽入隙縫中吧！家具之間和櫥櫃底下都有很棒的隙縫。找不到隙縫的時候，飼主的雙腿之間也是不錯的選擇喔！

給飼主的話 我們兔子是一種只想安心過生活的動物，經常想躲進狹窄的縫隙裡，心想「反正只要挖得開就沒問題了」。兔子不懂得辨別危險，飼主一定要把不想讓兔子鑽入的危險地方好好圍起來。

想窩在一起

#生活 #窩在一起

窩在一起好安心 跟鑽進隙縫裡的感覺差不多

剛出生的幼兔會跟兄弟姊妹們窩在一起取暖。感情好的兔子之所以喜歡窩在一起，一定是因為還留有小時候的記憶……不對，應該早就沒印象了，只是單純覺得靠在一起很安心而已，就像躲在角落或隙縫裡一樣。只要對方沒有表現出拒絕的態度，你大可毫無顧忌地靠在牠身上。不過，兔子是一種陰晴不定的動物，就算今天感情好到黏在一起，明天也有可能會大打出手，飼主一定要特別留意才好。

給飼主的話 有時候會看到成兔窩在一起的畫面，但這種畫面其實非常罕見。就算現在心情好到黏在一起，下一秒也有可能會打起架來……。飼主絕對不能大意，發現情況不對一定要趕緊勸架。

我一定要解決掉那傢伙！

#生活 #打架

好了好了，別這麼激動 把牠趕出地盤就好了

你們為什麼要打架？是在爭地盤嗎？決定上下關係嗎？還是對方在你心情不好時對你做了什麼事嗎？年輕氣盛的兔子特別血氣方剛，我明白你的心情，但你還是要小心一點，畢竟我們兔子不像貓或狗一樣喜歡打打鬧鬧，我們不懂得控制力道，像這樣以命相搏，雙方的性命安全都會受到威脅。把對方趕出地盤後就放牠一馬，這樣應該就行了吧？

給飼主的話 兔子一旦被激怒，就很難控制自己的情緒，可能會傷害對方，甚至是奪走對方的性命……。多隻兔子待在同一個地方時，飼主絕對不能掉以輕心！若發現怒氣沖沖的兔子，可以用噴霧罐朝牠噴水，幫助牠恢復理智。

Column

兔子都是拚上性命在打架的……

為什麼人類會覺得兔子很溫馴呢？因為不會發出叫聲嗎？還是因為長得像毛茸茸的娃娃一樣可愛呢？

也因為這樣，有些糊塗的飼主會讓陌生的兔子互相交流。常看到客兔被主兔追趕，飼主急忙衝過來阻止後才恍然大悟「原來兔子比想像中還兇狠」。發現得太慢了啦！

兔子的地盤意識非常強烈，會拼命想趕跑入侵自己地盤的兔子……，真希望飼主能明白這點。

兔子本來就沒有攻擊的手段，發動攻擊的一方也很辛苦喔～若是狗或貓的打架，只要某一方做出「投降」的動作就結束了，但兔子不是這樣啊～

老師，要怎樣才能避免兔子之間大打出手呢？

最好的方法是飼主要能理解我們。如果飼主逼你跟陌生的兔子「當朋友」，你可以盡全力表現出「怕生」的模樣。

想把毛拔下來……

#生活 #拔毛

妳懷孕了嗎？還是假懷孕呢？

身體不痛不癢，最近也沒有壓力，再加上妳是母兔……，妳該不會是懷孕了吧？說不定真的是懷孕了喔！妳說前陣子屁股好像有被摸的感覺？原來如此，但是妳身邊完全沒有公兔啊！這一定是人家說的「假懷孕」啦！妳之所以會忍不住想拔自己身上的毛，是因為本能驅使妳「快點拔毛築巢」。就算只是誤會一場也不用覺得丟臉，兔子本來就是隨時都想繁衍後代的動物，有時候光是公兔出現在視線範圍內，母兔就會以為自己懷孕了。

給飼主的話 假懷孕中的母兔會抱持著「必須築巢」的使命感，若飼主把掉落的毛全部清除，母兔會開始拔自己的毛，因此，請飼主等到母兔築完巢後，再悄悄把巢清掉。當然，一定要趁兔子沒看到的時候才能清理喔！

想搬運牧草

#生活 #築巢

這應該也是假懷孕引起的築巢行動之一

喔喔，妳把毛和牧草混在一起，築巢築得很順利呢！嗯？妳說妳的乳腺也開始分泌出乳汁，該不會是真的懷孕了？不對，假懷孕也會分泌出母乳喔！假懷孕的期間大概會維持2週左右，不用太擔心。啊，但就算這次結束了，之後也有可能會再度假懷孕。假懷孕太多次也是很累的，如果次數太頻繁，還是去動物醫院跟醫生商量一下吧！

給飼主的話 假懷孕不是疾病，會自然緩和下來，但懷孕中的兔子會比平常更神經質，頻繁假懷孕會讓兔子感到十分疲累，高齡兔假懷孕甚至恐導致乳腺異常。若發現兔子假懷孕的次數太過頻繁，還是帶去結紮比較好喔！

一整年都能繁殖

#生活 #懷孕

不過一切都取決於母兔的心情就是了……

無論在哪個世界，雌性都掌握著繁殖的主導權。公狗、公貓和公兔在到了性成熟的年紀後，一年到頭都能繁殖。不過，若雌性不答應交配，雄性就算想繁殖也束手無策。母兔的繁殖期非常長，不同於每年只允許交配2～3次母貓和母狗，母兔每經過4～17日的繁殖期後，都只需要休息1～2天，幾乎一整年都能受孕。而且母兔會受到交配的刺激誘發排卵，懷孕機率非常高。

給飼主的話 雖說一整年都能受孕，但野生時代我們會選在幼兔比較容易存活的春天等季節繁殖。現在住在不用煩惱氣溫和飲食的室內，一年到頭都能安心繁殖。成年的公兔和母兔一接觸就會馬上交配，沒過多久就會生出小兔子，請飼主務必特別留意。

Column

兔子的「假懷孕」現象

每次咬著牧草或自己的毛築巢時，主人都會用很微妙的眼神看著我……。假懷孕是一種常見於母兔的現象，不用覺得害羞，只是人類會覺得這種現象很奇妙而已。

假懷孕的原因有很多，已結紮的公兔或母兔交配、單純進入性成熟期、以為身邊有公兔等。基本上假懷孕的現象持續2週左右就會趨緩。

當母兔「假懷孕」時，會順從本能築巢，過了1～2週發現沒有生出小孩，母兔既也不會覺得奇怪，也不會悲傷地想著「怎麼沒有生出小孩」。動物並沒有「交配後才會懷孕」的觀念，牠們的一舉一動都是出自本能。假懷孕不是疾病，飼主不用太擔心，放著不管也無所謂。不過，假懷孕時也會分泌乳汁，若出現發熱等異常狀況，一定要帶牠去看醫生詳加檢查喔。

要怎麼養小孩呢？

#生活 #養小孩

1天要餵幾次奶才好呢？

第一次生小孩讓妳手足無措嗎？不用擔心，我們的祖先「穴兔」代代相傳的育兒方法非常簡單，只需要每天餵奶1～2次，每次5～10分鐘就好了，很簡單吧？以前在野外生活時，比起寸步不離地守在幼兔身旁，讓牠們單獨留在巢穴中，把入口整個封起來，更能保護牠們不受敵人襲擊。就算跟孩子待在一起，柔弱的我們也無法保護小生命。雖然看似採取放任主義，但這其實是老祖先延續香火的智慧。

給飼主的話　「既然養小孩很簡單那就讓兔子生生看吧！」飼主絕對不能有這種想法！你能負起責任養育剛出生的幼兔嗎？幼兔沒過多久就會性成熟，生出新的幼兔，數量一下子就會暴增喔！

這就是所謂的反抗期？

#生活 #青春期

這是代表往大人之路更邁進一步的青春期

突然變得不喜歡抱抱，突然看籠子裡的東西不順眼，想要把東西扔來扔去，覺得「心裡有一股說不出的煩躁感」，這些現象都是你逐漸萌生出自我個性的證據，代表你進入青春期了。小時候不管遇到任何事情都會欣然接受，但到了青春期後，你會開始冒出「我一個人也能辦到，來挑戰自己的極限吧！」等想法。青春期是個能讓你挑戰各種可能性的時期，也是與飼主建立新關係的時期，不妨盡情嘗試各種挑戰吧！

給飼主的話 跺腳、用鼻子發出聲音、在籠子裡亂動、四處亂尿尿或大便，代表我們正在挑戰飼主的容忍極限，以及確認能把地盤擴張到多大。光明正大地一決勝負吧！決定上下順序後我們會乖乖服從的。

從幾歲開始進入老年期呢？

#生活　#老年期

心理上永遠都保持年輕　身體約從5歲開始發生變化

最近飼主對你特別溫柔？他為你做了這麼多，真的很感激呢！你說籠子出口前的落差消失了？這樣變得更好走了吧！該不會自己也變成長者了吧？真了不起，連思想都這麼年輕！你從10歲開始發現自己的身體出現變化嗎？每隻兔子出現老化現象的年齡都不同，一般是從5歲左右開始。不過，我們的身體和心靈會互相影響，只要保持一顆年輕的心，身體就會變得更加輕盈。同樣的，只要維持身體健康，心靈也會跟著變年輕喔！

給飼主的話　年紀大了身體難免會出問題，希望飼主能接受兔子的變化，從旁給予協助。老兔的個性會變得更加圓融，也會比以前更愛撒嬌。就算疾病纏身，只要能跟飼主一起度過愉快的老年生活，我們就會覺得很幸福了。

Column

對青春期感到困擾的飼主

我家兔兔本來都會乖乖讓我抱，最近卻突然開始反抗……。

每次把手伸進籠子裡想摸摸時，牠都會咬我或表現出威嚇的模樣……。

我家兔兔以前很愛摸摸，現在只要有手接近牠就會咬上來……。

以上都是對於家中愛兔突如其來的變化感到煩惱的飼主心聲。這些現象常出現在4～9個月大的兔子身上。

不過，這些都是兔子成長過程中的正常現象。

嬰兒時期的兔子，才剛出生到這個世界上，每天都過得懵懵懂懂。大概從4個月大開始，兔子會慢慢瞭解自己，認識周遭的模樣，逐漸萌生出「自我意識」。從此時開始到3歲左右為止，是兔子的「青春期」。聽說人類也把青春期稱為「反抗期」，但我們並不是想反抗飼主，只是因為自我意識增強，所以變得更常主張「我不要」、「我想那樣做」、「我想要」而已。雖然我們突然變得跟以前不太一樣，但我們並不是在鬧脾氣，青春期其實是一段值得祝福的時期喔。

用○或×來回答吧

兔學測驗 -前篇-

用○×問題驗收你吸收了多少兔兔知識。
先來複習1～3章的內容吧！

第1問	兔子是純粹的素食主義者。	[　　]	→ 答案、解說 P.76
第2問	家兔受到驚嚇時會垂直跳起。	[　　]	→ 答案、解說 P.20
第3問	兔子會用咬的方式確認東西能否食用。	[　　]	→ 答案、解說 P.42
第4問	兔子無法用兩隻腳站立。	[　　]	→ 答案、解說 P.28
第5問	兔子只有在感到恐懼時才會搖尾巴。	[　　]	→ 答案、解說 P.46
第6問	垂耳兔不會自己清潔耳朵。	[　　]	→ 答案、解說 P.48
第7問	兔子可以睜著眼睛睡覺。	[　　]	→ 答案、解說 P.52
第8問	兔子在覺得舒服時會磨牙。	[　　]	→ 答案、解說 P.54

第9問 遇到討厭的事情，希望對方「趕快住手」時，兔子會**用力磨牙**。 [　　　]

→ 答案、解說 P.54

第10問 絕大多數的家兔都不會**發出叫聲**。 [　　　]

→ 答案、解說 P.23

第11問 野兔會在下雨前把**巢穴的入口**封住。 [　　　]

→ 答案、解說 P.56

第12問 兔子的**大便**有兩種類型。 [　　　]

→ 答案、解說 P.81

第13問 兔子發出「**嘰嘰**」叫聲代表想跟飼主玩。 [　　　]

→ 答案、解說 P.34

第14問 兔子跑累想休息時會**撲通**一聲直接倒地。 [　　　]

→ 答案、解說 P.51

第15問 就算沒有懷孕，母兔也有可能會**築巢**。 [　　　]

→ 答案、解說 P.91

答對11～15題

真是太棒了！你太懂兔子的心啦～

答對6～10題

基礎打得很穩了，再複習一次吧！

答對0～5題

多多掌握兔子的心，想辦法成為人氣兔吧！

答案：1○ 2× 3× 4× 5× 6× 7○ 8○ 9○ 10○ 11○ 12○ 13× 14○ 15○

中場休息

留下味道

公與母

4章 跟人類的生活

跟飼主一起生活得還好嗎？
但願兔子與人類的共同生活能變得更美好！

突然被帶到陌生的地方……

#過日子 #來到新家

被帶到陌生的地方會忍不住心跳加速呢！

突然被帶到不知名的地方，你一定會擔心「到底發生什麼事了？」。從今天開始，眼前的人類就是你的新家人，他的名字叫做飼主。現階段還不曉得飼主是怎樣的人類，先觀察一陣子吧！不過，他既然敢把兔子帶回家，代表他應該多少有先做一點功課，在你習慣新環境之前，他應該不會貿然對你出手的。如果他突然伸手靠近你，你可以用力瞪大眼睛，全身發抖，用肢體語言告訴他「快住手」。

給飼主的話 我們很難適應新環境，被帶到陌生的地方時會非常緊張。剛把兔子帶回家的1個星期左右，最好先不要有親密接觸。此外，在帶我們回家前，如果能先模仿我們原本的居住環境打造新家，我們會更開心喔！

這是什麼？好可怕！

#過日子 #手

這是照料我們生活起居的人類的手

頭上突然冒出巨大的東西，把你嚇壞了呢！這是你的飼主的手，不會傷害你的，但在習慣前最好還是先保持適當距離。你有聽到這隻大手的主人正在用特別溫柔的聲音跟你說話嗎？看來你不用這麼警戒應該也沒關係喔！知道手不會對你造成危害後，就允許飼主把手伸進你的房間裡吧！這隻手會給你飯吃，還會幫你把房間打掃乾淨。

給飼主的話 我們非常膽小，若飼主突然把手伸到我們的頭上，我們一定會嚇一大跳，回憶起天敵鳥類從天上攻擊我們的恐懼。飼主想摸兔子的頭時，動作一定要特別輕柔，花時間讓兔子慢慢習慣。

每天兩餐跟午睡

#過日子 #活動時間

白天想要悠哉度過

光看這句話，好像我們很懶惰一樣，但我們本來就屬於「晨昏性」動物，在清晨和黃昏會特別有精神（75頁）。話雖如此，以前生活在外頭的野兔，也不會一整天都躲在巢穴裡睡覺，偶爾也會在沒有感受到敵人氣息時跑到地面上。現代的家兔生活在安全的人類家中，活動時間更好調整。雖然現在兔子可以配合飼主的作息，但從原始習性來看，白天依然是兔子的休息時間，飼主還是要讓兔子好好休息才行。

給飼主的話 穴兔會在清晨和黃昏時跑到地面上覓食或談戀愛。請飼主依照此原始習性，早晚各給兔子吃一餐。兔子是一種隨時都想進食的動物，即使是白天或深夜時段，我們也會起床吃東西後繼續睡覺。

不要抓我的耳朵……！

#過日子 #NG行為

嗶嗶！這是NG行為！絕對不能這樣做

什麼！竟然這樣抓兔子的耳朵！怎麼會有這麼粗魯的人！以前把兔子當家畜養的人，也許會直接抓兔子的耳朵，但現在如果還有人這麼做，那也太驚悚了。兔子的耳朵上有很多微血管，是非常敏感的器官，絕對不能因為「看起來很好抓」等無聊的理由隨便亂抓。遇到這種無禮之徒時，快賞他16文踢後迅速逃跑吧！

給飼主的話 就算兔子的耳朵看起來很好握，也絕對不能用抓耳朵的方式把整隻兔子拉起來。若耳朵出問題，可能會喪失聽力、體溫調節等重要功能。絕對不能對兔子太粗暴喔！

主人，「好吃的東西」在哪裡？

#過日子 #小點心

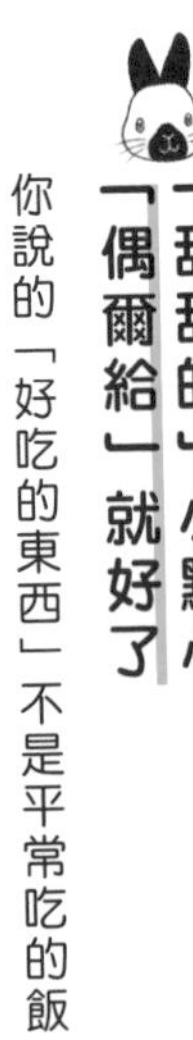

「甜甜的」小點心「偶爾給」就好了

你說的「好吃的東西」不是平常吃的飯，而是「小點心」……對吧？我們兔子是草食性動物，基本上以草為主食，跟人類一起生活後，每天的主食則變成「粒狀飼料」和「牧草」。

水果、蔬菜、含有小麥等麩質的餅乾等，雖然都是美味的小點心，但吃多容易造成肥胖或養成偏食的壞習慣，飼主必須謹慎控制份量才行。

給飼主的話 含有糖分的「小點心」雖然很好吃，但並不是兔子飲食生活中的必要攝取物。飼主可以把小點心當成兔子完成某件事情後的獎勵，或是轉換心情的道具。

Column

操縱飼主的小技巧

當兔子跟不同種的人類一起生活時，一定會經常覺得「為什麼人類不明白我的想法」。為了把我們的心情和想法傳達給不懂「兔語」的飼主，我們需要利用一些小技巧。大家不妨試試下面介紹的方法吧！

不吃牧草

這個世界上明明還有其他好吃的東西，飼主卻故意不給我吃。這時候可以採取絕食抗議的方式！不過，過度絕食會讓自己的身體吃不消，若飼主堅持不讓步，那你還是別絕食了。

扔食盆

扔食盆會發出聲音，容易吸引飼主注意。發現飼主看過來時，馬上用眼神傳達自己的心情，像是「還不能吃飯嗎？」或是「快看我！」等。這個方法還滿有效的。

3

躲在狹窄的地方不出來

「那個籠子出現了，我難道要被帶去醫院了！」緊急狀況！如果被帶到醫院，那個可怕的人（醫生）不曉得會對我做什麼事。發現籠子大門敞開後，快用迅雷不急掩耳的速度躲到飼主的手伸不到的地方吧！

摸摸我！

請飼主摸摸你的額頭吧！

發現飼主的手伸到眼前時，請立刻把頭塞到飼主的手下，表現出「快摸摸我」的模樣，飼主一定會喜出望外地摸摸你的！

摸額頭很舒服吧！舒服到自然而然就把整顆頭垂下來了。我年輕的時候還沒有很喜歡摸摸，但最近卻變得超級喜歡，畢竟我們沒辦法摸到自己的額頭嘛！不過，摸太久飼主的手也會痠，覺得摸夠了就放他一馬吧！

給飼主的話 摸額頭非常舒服。有些兔子小時候還不習慣摸摸，等到明白摸摸的舒服之處後，會開始要求飼主摸摸，這時候飼主摸得愈久，兔子就會愈喜歡你喔！

誇獎我！誇獎我！

#過日子 #溝通

誇獎比責罵更令人開心吧！

咦？主人剛才誇我了嗎？很好很好，多誇一點……。大家應該都有被誇獎的經驗吧？我也不例外。飼主誇獎我們代表他心情很好，我們也會感受到他的開心情緒。反之，飼主在責罵我們的時候，我們也會受到憤怒情緒感染，導致心情低落。如果雙方隨時都能保持愉快的心情，那就太棒了，但人生沒有這麼順利呢……不對，是「兔生」才對。

給飼主的話 我們被誇獎時會覺得很開心，希望飼主能夠常常誇獎我們，雖然我們的所作所為不一定會讓飼主覺得開心就是了。抓壁紙、咬報紙……，呃、想到就很抱歉呢。

Column

兔兔與飼主的關係小測驗

請回想平常跟飼主的生活，
回答以下的問題吧！

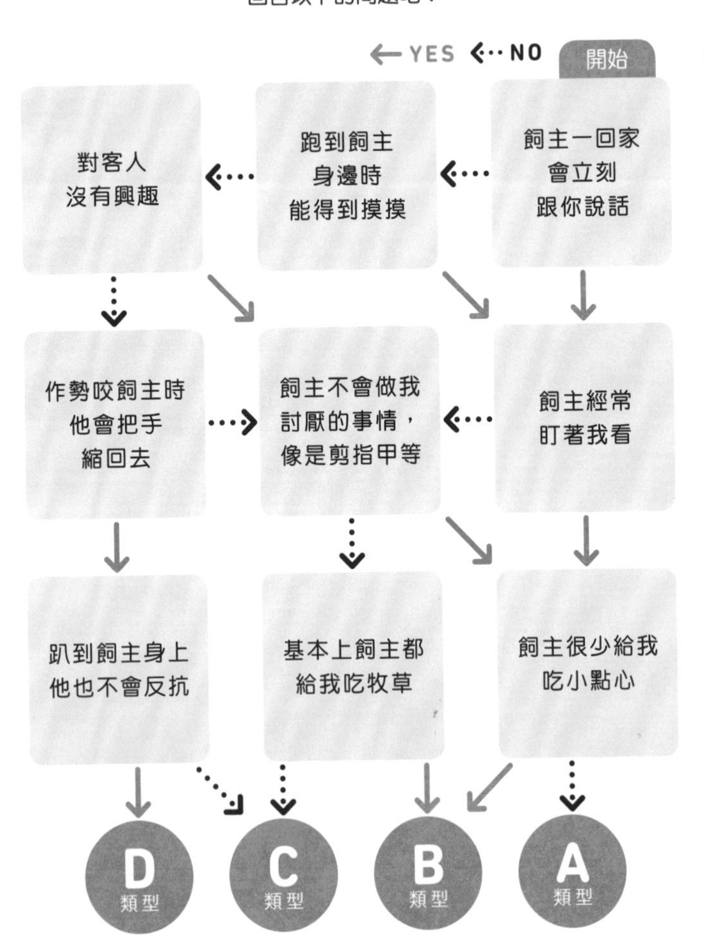

診斷結果

A類型的你跟飼主是……

戀人關係

飼主的眼中只有你，你的眼中也只有飼主，你們是兩情相悅的關係。不過，只要飼主一不在身邊你就會覺得不安，飼主帶男、女朋友回家時你也會吃醋，你們的關係其實不算一帆風順。

B類型的你跟飼主是……

家人關係

你把飼主當成父母般信任，飼主也把你當孩子照顧，是一種非常理想的關係。你偶爾任性一下時，凶狠的媽媽可能不會答應你的要求。

C類型的你跟飼主是……

朋友關係

飼主跟你是關係是好朋友，一起玩耍時很開心。耍任性時有機會能成功，偶爾換成你主動屈服。

D類型的你跟飼主是……

主僕關係

你的地位比飼主還高，只要你強烈要求，飼主幾乎是有求必應。不過，若讓飼主太害怕，他搞不好會不敢把你放出來喔！

視線無法從飼主身上移開

#過日子 #盯著

因為很喜歡飼主所以才會忍不住一直盯著啊！

你的視線這麼火熱，會把飼主燒穿出洞來喔！發現你目不轉睛地盯著自己，飼主也會開始緊張起來。難道這就是你的目的嗎？用火熱的視線猛盯著飼主，讓他落入你的愛情陷阱裡……。你真是個花花公子呢！接下來要迅速飛奔到飼主身旁，直接跳上膝蓋嗎？還是要扭著身體垂直跳起來，往反方向逃跑呢？看來你已經憑著高超的手腕順利征服飼主的心了。

給飼主的話 當我們目不轉睛地盯著飼主時，代表想傳達某些事情，至於內容則要視情況而定，我們也沒辦法說明。不過，兔子之所以會盯著飼主看，通常是因為很在意飼主的存在，這時候請飼主用溫柔的笑容面對。

主人，你怎麼了嗎？

#過日子 #同感

你覺得飼主好像跟平常不太一樣？

飼主跟平常不太一樣，讓你覺得怪怪的……。

有敵人接近嗎？還是食物快不夠了呢……？也許是發生了這些會影響到我們生活的問題。你可以試著躡手躡腳地接近飼主，問他：「怎麼了嗎？」遇到這種情況時，有時連我們也會跟著擔心起來，陷入不安情緒中。飼主在明白沒有大事發生以後，一定會恢復成平常的模樣，你就默默守候著他吧！有你陪伴在身邊，飼主說不定會更快打起精神喔！

給飼主的話 我們對「異於平常」的狀態非常敏感，只要跟平常不一樣，我們就會心想「發生什麼事了？」，並開始感到不安。雖然變化是無可避免的，但我們還是會希望能盡量避免，不想要天天都覺得「怎麼跟平常不一樣」。

希望你讓我靜一靜……

#過日子 #壓力

太煩人可是會被討厭的喔！

雖然我們很喜歡玩耍，但凡事還是要適可而止，否則反而會造成痛苦啊！看來你似乎是一隻喜歡靜待著的兔子，被要求做自己不願意做的事情時，會覺得壓力很大吧？如果你的飼主能掌握你的喜好，那就再好不過了。飼主硬要跟你玩時，你可以用力挺起身子，往後退一步，若飼主不死心繼續伸出手，你可以發出「咕！」的聲音，威脅他快住手，這樣他應該就會知難而退了。

給飼主的話 每隻兔子的喜好都不同，有些兔子希望飼主經常關心自己，也超喜歡玩耍，有些兔子則不然。若飼主能掌握兔子的個性，保持適當的交流距離，我們會覺得更開心。

有時候也希望主人能陪我玩

#過日子 #交流

如果經常不理我們，那我們似乎沒有存在的必要……

直到近幾年都還有人相信「兔子太寂寞會死掉」的謠言。不過，我們的祖先穴兔屬於群居動物，我們本來就很喜歡跟同伴一起生活。明明住在同一個家裡，若飼主經常不理我們，我們也是會覺得很難過的喔！

在籠子外面自由活動時，你可以跑到飼主的腳邊，用鼻子碰碰他的腳，也許能讓飼主想起你的存在喔。

給飼主的話 雖然我們不喜歡飼主頻繁來打擾，但同時也想跟飼主建立信賴關係。每隻兔子的抗壓性都不同，請飼主依照自家兔子的個性，與牠維持適度交流。

希望飼主不要幫我打掃

#過日子　#打掃

自己的味道被清得一乾二淨，真的很困擾

完全聞不到自己的味道，總覺得靜不下心來。尿液和糞便散發出來的味道就像在跟其他人宣示主權說「這是我的地盤」一樣，若味道被飼主清得一乾二淨，我們會覺得自己的地盤岌岌可危，進而萌生出不安感。

但這也是沒辦法的事情，如果飼主不定期清理便盆，裡面會累積愈來愈多糞便。不喜歡飼主幫你清理便盆，經常咬他的手，會導致彼此之間的信任關係出現裂痕。

給飼主的話　飼主在清理味道較重的盲腸便（81頁）或尿液時，很容易激怒兔子或遭到襲擊。如果兔子的攻擊性太強，可以在清掃前先把牠隔離到外出籠裡，以免發生流血事故。

在四面八方留下尿液

#過日子　#尿尿

這是青春期常見的行為

你沒辦法乖乖在固定地點尿尿，惹飼主生氣了？不用想太多，東尿一泡西尿一泡是兔子想宣示主權時的本能行動，年紀大了就會慢慢收斂。嗯？你說你天生就喜歡跑到每個地方尿尿？你的個性真豪放呢！反正我們兔子擁有決定廁所位置的權力，你只要做自己就可以了。如果飼主在兔子心目中的「廁所」鋪上尿布墊，兔子也許會站上去尿尿喔！飼主要不要試試看呀？

給飼主的話　我們從出生後3～4個月開始進入青春期，這時候的我們會因為各種原因亂噴尿，例如：想宣示地盤、想表現出在寬敞空間自由奔跑的喜悅等。當飼主發現兔子興奮過頭時，請先把牠趕回籠子稍微休息。

只待在籠子裡實在太狹窄了

#過日子 #在房間散步

長時間被關在籠子裡，會覺得渾身不對勁

兔子原始巢穴的半徑可達100公尺，兔籠再怎麼大也就80公分寬，小小的籠子實在無法滿足我們的活動需求。每天請至少把我們放出籠子30分鐘，讓我們「在房間散步」吧！

先仔細檢查周遭環境，確認安全無虞後就盡情奔跑吧！哎呀，房間裡還有報紙之類的東西，把它們咬得碎碎的一定很好玩。反正飼主沒有收起來，應該可以給我們玩吧？

給飼主的話 就算換了個大籠子，也不能成天把兔子關在籠子裡，還是要讓牠多出來玩。把兔子放出籠子前，請先把需要保護的外套或紙類等物移動到兔子碰不到的地方，看是要收起來或是先用東西阻擋都可以。

Column

我想當老大！

兔子的社會有上下級關係。在兔子的團體裡，最強悍的公兔能爬上領導者的寶座，獲得與團體中的母兔交配的權力。年長且地位高的母兔，能自由使用自己喜歡的空間，還有權把年輕且地位低的兔子趕出團體。地位愈高，能得到的好處也愈多。

家兔也是同樣道理。雖然飼主會保障我們的食物來源，也會保護我們的生命安全，但我們並不會把飼主當成領導者。兔子本來就是一種懂得自行覓食的動物，不會因為飼主施捨食物就心存感恩。

就連兔子也明白，只要在與飼主共同生活的過程中成為領導者（爬上高位），就能得到各種好處，像是能吃到好吃的東西、能經常被放出籠子等。不過，若領導者（飼主）個性強悍，兔子就會覺得「我贏不了這個人」，放棄抵抗乖乖服從。強大的領導者能維持團體安穩，何嘗不是一件好事。不過，如果領導者太弱，兔子就會想篡奪天下！兔子隨時都抱持著雄心壯志。

讓兔子認同飼主是領導者的重點在於強大的包容力，堅守「不行就是不行，可以就是可以」的態度。不能過度放縱，也不能太嚴格。

你們在討論我嗎？

#過日子 #語言

雖然我們聽不懂人話，但多少能心領神會

聽到別人在談論自己的事情，難免會有所反應。現在是在誇獎我嗎？還是在責罵我呢？我們總會仔細聆聽，因為依照談話內容不同，我們也許有必要改變對人的態度。雖然我們聽不懂人話，但我們能從人類的說話方式推測話中含意。據說跟狗說話時，狗的大腦運作方式跟人類一樣喔！說出口的話語除了有語言本身的意思以外，還蘊含著各種情緒，全都逃不過我們敏銳的耳朵。

給飼主的話 或許飼主會以為我們聽不懂人話，但有些兔子在聽到飼主叫名字時，會跑到飼主身邊。儘管我們的聲帶不發達，無法像鳥類一樣伶牙俐齒，依然能理解隻字片語，還能透過音色觀察飼主的情緒。

我討厭抱抱～！

#過日子 #抱抱

我才不要被剝奪自由～！沒錯，我明白，但是……

飼主想把討厭抱抱的你抱起來，追著你滿屋子跑，讓你覺得壓力很大吧……。會剝奪身體自由的「抱抱」真的很討厭，但既然你已經在人類的生活圈裡生活，飼主就不可能放任你亂跑，總是不死心地追著你跑。若覺得飼主的抱抱技術太差，你大可用力踢腿以示不滿，但若覺得飼主足以信任，不妨考慮委身於他吧！

給飼主的話 練習抱抱時請坐下來！把單手伸到兔子的腹部上，食指伸到兩隻前腳之間，將胸部抬起固定，接著用另一隻手撐住屁股後，把全身抬起來。若飼主戰戰兢兢，兔子也會感受到飼主的恐懼，動作一定要一氣呵成。

剪指甲也很討厭……

#過日子 #剪指甲

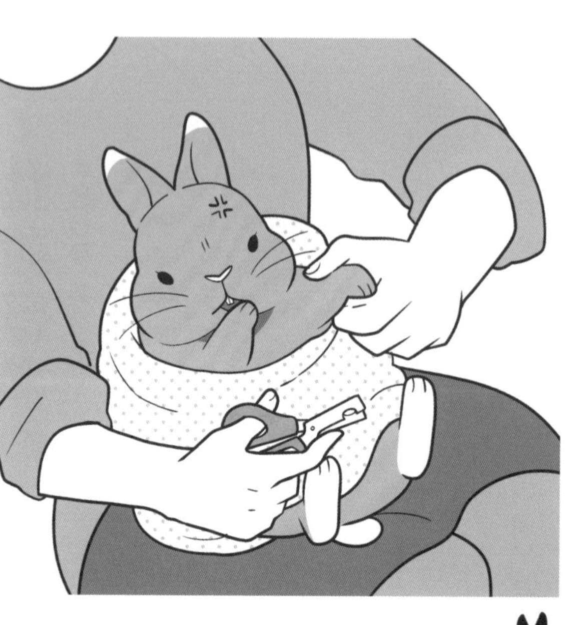

過長的指甲容易造成意外

野兔能在自然環境中將指甲磨短，但家兔很少有磨指甲的機會，指甲通常會長得很長。剪指甲時身體會被完全固定住，我知道你很討厭這樣，但過長的指甲容易勾到地毯等，甚至有可能會害你受傷，還是要乖乖讓飼主、醫生、兔子專門店的店員等專家幫忙修剪指甲。等到剪完指甲後，也許能得到好吃的小點心喔！

給飼主的話 有些兔子會乖乖讓人剪指甲，有些兔子很討厭剪指甲。雖然過長的指甲很危險，但強迫討厭剪指甲的兔子剪指甲，同樣有可能會害兔子受傷。建議飼主每月帶兔子到醫院或專門店一次，請專家幫忙修剪指甲。

希望一年四季都過得舒服

#過日子 #季節

太冷或太熱 兔子都無法忍受……

日本冬冷夏熱，對兔子來說很痛苦吧……。最適合我們生活的溫度是20～25℃，恰巧跟春季和秋季的溫度差不多，但進入夏季或冬季後，若飼主沒有好好控管室內溫度，我們的身體可能會出問題。原始的穴兔生活在乾燥的西班牙（171頁），遇到溼答答的梅雨季時也必須特別小心。

請飼主善加利用文明的利器「空調」控制室內溫度吧！

給飼主的話 一般人會在炎熱的夏天開冷氣，但經常忽略溫度容易突然飆升且潮濕的5～6月。籠子附近和室內會有溫差，請在籠子上裝溫濕度計，盡量將室溫控制在20～25℃，並將濕度控制在40～60％左右吧。

主人，我有話要跟你說

#過日子 #蹭蹭

因為我們沒辦法出聲喊人嘛！只能用鼻子磨蹭希望飼主注意到

你覺得很難過嗎？我們兔子的聲帶不發達，沒辦法出聲講話。畢竟在自然環境中發出聲音容易被敵人發現蹤跡，聲音絕非必要。不過，在跟人類一起生活後，有時候會想跟飼主一起玩、想跟飼主要東西吃，或是有事情想表達。兔子只有在想跟飼主要求某些事情時，才會用鼻子磨蹭飼主。動作太輕柔飼主可能不會注意到，建議你加強磨蹭的力道。

給飼主的話 兔子用鼻子磨蹭飼主時，通常都只是「希望飼主陪陪我」，此時請放下手邊的工作，把視線移到我們身上一下。啊，但有時候可能是想叫飼主「閃開一點」或「給我飯吃」。若兔子無理取鬧，直接無視也沒關係。

不滿的時候……

#過日子 #不滿

希望飼主能留意到

哎呀，你怎麼把屁股對著飼主，是發生什麼事了嗎？風吹得你很冷？……好像不是這樣，你覺得身體不舒服嗎？咦，不是嗎？看來你應該是有什麼不滿意的地方，正在鬧彆扭吧？原來如此，我個人認為，有不滿時直接表現出來，飼主會比較容易明白。算了，反正每隻兔子表達不滿情緒的方式都不同。偷偷觀察身後的狀態，不斷發送不滿訊號給飼主，這樣應該也不錯。

給飼主的話 兔子的警戒心很強，只會把屁股朝向信任的人。不過，用屁股對人也有可能代表兔子正感到不滿，或是感到身體不適，飼主務必特別留意。不過兔子的視野範圍幾乎可達360度，其實連背後也能看到喔！

快點看看我！

#過日子 #坐在大腿上

坐在飼主的大腿上 用最強烈的手段要求「陪我玩」

有時候會希望飼主能多陪陪我們。我最喜歡摸摸了，每次想摸摸時，我都會主動跳到飼主的大腿上，做好準備動作。嗯？你還不敢跳到飼主的大腿上？原來如此，我們兔子本來就是警戒心很強的動物，我明白你害怕的心情，但是飼主的大腿坐起來真的很舒服，你可以放膽嘗試看看。只不過，你坐愈久飼主可能也會摸愈久，最好在摸到心滿意足後就立刻跳開。

給飼主的話 坐大腿是兔子信任飼主的證明，請飼主不要背叛這份信賴，讓兔子在大腿上盡情休息。就算兔子不小心在大腿上漏尿或咬起褲子來，飼主也不要出聲責罵，只要默默站起來離開現場，兔子就會明白了。

把那個給我！

#過日子 #想要

請等一下！人類的食物危機四伏！

啊……多香的味道啊！真想湊過去多聞幾下。不行不行，不能被香味誘惑，你知道嗎？飼主吃的食物，很多都會對我們的身體造成負擔。兔子是草食性動物，受到身體構造限制，我們只能吃含有大量纖維質的植物維生。鼻子太靈敏還真讓人吃不消呢！飼主在我們面前大快朵頤，難道是在欺負我們嗎？

給飼主的話 就算對身體不好，我們還是會想吃香噴噴的食物。飼主一定要分清楚兔子能吃和不能吃的食物，並嚴格控制食用份量。兔子嘗過一次人類的食物後，可能激起想繼續吃的欲望，導致壓力升高。從一開始就不應該有第一次！

想要追上去！

#過日子 #追著跑

用最簡單的方式表現出想追上去的原因

我們追著飼主跑，有時候是想表現出「我最喜歡你了！等等！一起玩嘛～」的心情，有時候是想警告他「喂！不要隨便踏進我的私人空間啦！」，有時候則是離飼主太遠會覺得心神不寧。問題來了，你現在是屬於哪種類型呢？如果是想表達愛意，你可以配合飼主走路的速度，踏著輕盈的步伐跟在他身後；如果是想威嚇他，可以加入魄力十足的跺腳動作；如果是想讓他明白自己的不安，可以表現焦慮的模樣。用各種不同的方式表現心情。

給飼主的話 兔子原本是遭到追逐的一方，基本上不太會追人。最常見的是因不安而追逐飼主，通常可能是在飼主外出時遇到了可怕的事情。請找出不安的源頭，安撫兔子的情緒。

最喜歡你了！

#過日子 #繞圈圈

「不要再離開我了！」繞圈圈強調自己的心情

想表達「最喜歡你了！」的心情時，兔子會順從本能在飼主身邊繞圈圈。不過，如果向對母兔求愛時一樣，在飼主身上留下自己的味道，可能會害飼主嚇一大跳。我以前也朝著飼主噴尿過，雖然他沒有大發雷霆，但心情明顯變得低落，還把我關回籠子裡……。想控制自己的心情真的很困難呢！

給飼主的話 兔子表達自己的愛意後，若朝著飼主噴尿，還請飼主睜一隻眼閉一隻眼。我們兔子總是盡全力求愛，不知不覺就容易做過頭。想控制處於興奮狀態的兔子時，可以先把牠關回籠子裡。

幫我梳毛的回禮

#過日子 #梳毛

兔子是很有禮貌的動物 受到恩惠會懂得回報

飼主幫你梳毛或摸摸的時候，是不是超舒服呢？但我們不能只想坐享其成，知恩圖報才是有禮貌的兔子。你看，飼主的手停下來了喔！如果還想繼續被飼主摸摸，就快點舔舔手催促他……不對，是舔舔手回報他。只要稍微舔一下飼主的手，通常就能得到更多倍的摸摸喔！應該算是很值回票價的勞動吧？

給飼主的話 不過，有時候兔子舔舔是不希望自己的身體遭到觸碰。發現兔子身體僵硬，或露出難過的表情時，請飼主立刻停手。我們不會讓其他兔子亂舔，只有感情好的兔子才會互舔。把兔子的舔舔行為想成是對你的信賴表現就行了。

真是太棒了……

#過日子 #舔舔

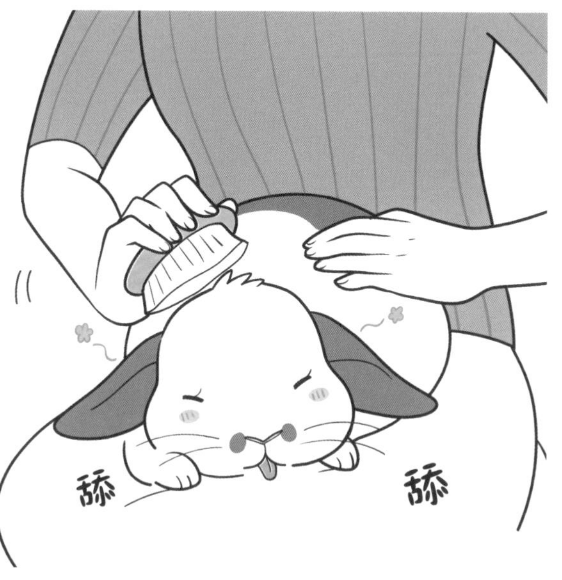

覺得舒服到快融化時就會忍不住想舔舔

摸摸時覺得太舒服，回過來發現自己竟然在舔腳或地板，你有過這種經驗嗎？不用擔心，你沒有生病，這是兔子最自然的反應，只是連我也覺得兔子像這樣舔很不可思議就是了。這種感覺就像自己理毛一樣，情緒跟著高昂起來，若不做點什麼會覺得渾身不對勁……。我的飼主也擁有高超的梳毛技術，常常害我忍不住舔起地板來。哎呀，感覺真不錯呢。

給飼主的話 梳毛和摸摸時，我們會進入興奮狀態，忘情地伸出舌頭舔，這時候可能會不小心舔到危險的東西。對自己的梳毛技術有信心的飼主，梳毛前一定要先確認環境安全。

識相一點！

#過日子 #出拳

若飼主太不識相，就用前腳賞他高速直拳！

「飼主的愛太強烈了……。」很多兔子都有同感。雖然很感謝飼主對我們的關愛，但每隻兔子對肌膚相親的容忍程度都不同。為了跟飼主建立起「恰到好處」的關係，當你覺得「厭煩」時，你大可正大光明地高速揮拳抗議，也可以同時用鼻子發出「噗！」的聲音或跺腳。但就算你發動攻擊，飼主也不一定會如你所願就是了。

給飼主的話 兔子的地盤意識很強烈，不喜歡籠子遭人入侵，而且發情時個性會變得暴躁，攻擊性也會增強。當我們高速揮拳時，代表我們拼命想保護自己的地盤，請飼主務必理解。

對眼前的飼主……1

#過日子 #站在肚子上

試著跳到飼主的肚子上視野超棒的呦！

飼主大刺刺地躺在你面前，害你不知道該如何反應。你的飼主被踩也不會生氣嗎？如果你能保證「踩了他也不會生氣」，那你就直接跳上去吧！你可以直接踏過飼主的身體，但我覺得在他身上走來走去更好玩，還能看見異於平常的景色，很有新鮮感喔！只要動作不要太粗魯，飼主應該都會允許你跳到他身上玩耍的。

給飼主的話 兔子跳到飼主的身上不一定是想強調「我的地位比較高」，就像人類看到眼前有山時會想爬一樣，我們也只是想玩一下而已。跳到飼主身上其實是我們信任飼主的象徵喔！

對眼前的飼主……②

#過日子 #一起睡覺

安靜地趴在飼主身旁竟然慢慢睏了起來，真神奇

不管從身上踩過去還是跳過去，飼主都不為所動，有時候確實會碰到這種情況呢！其實飼主只是正在呼呼大睡而已啦！發現飼主跟平常不太一樣，跑到他身邊一探究竟，結果不可思議的事情發生了，竟然連我們的眼皮也跟著愈來愈沉重，到底被施了什麼魔法呢？就連長時間跟人類一起生活的我也不曉得原因，只知道躺在飼主身邊睡覺超級安心，等到習慣以後，就會忍不住想常常跟飼主一起睡覺了。

給飼主的話 有時候我們會安安靜靜地躺在飼主旁邊睡覺，飼主在翻身時一定要特別小心。為了加快逃離敵人的速度，兔子的骨骼構造相當輕巧，一不小心就容易骨折喔！

你要帶我去哪裡……？

#過日子 #外出

有時候不管你再怎麼害怕也不得不面對

兔子是一種生活範圍只有100～200公尺的動物，畢竟我們不曉得地盤外藏著哪些敵人。沒錯，地盤（家）以外的地方都非常恐怖！飼主有時候會想讓我們「盡情玩耍」，而把我們帶出門，但說老實話，我們只會覺得飼主太雞婆而已。不過，在跟人類一起生活的過程中，難免會遇到不得不外出的情況，這時候只要記得待在外出籠裡很安全就好了，還有如果飼主臉上堆滿笑容，你也可以放心……應該啦。

給飼主的話 就算兔子討厭外出，只要知道牠不害怕，就有機會帶牠外宿，只是需要花時間讓牠慢慢習慣。先在外出籠裡放小點心，消除牠的戒心。飼主的態度如果跟平常不一樣，兔子會覺得更不安。

來決定上下順序吧！

#過日子 #騎乘

想當老大可是很痛苦的喔！

抓住飼主的手或腳，開始擺動腰部……。對飼主的愛意爆發，一下子就進入興奮模式了。我明白這種感覺，進入青春期後，不管是公兔還是母兔，都有可能會對人做出騎乘動作。不過，太常像這樣騎乘在飼主身上，你會不會產生一種自己是老大的錯覺啊？然而，在人類的世界中，我們兔子是不可能擁有主導權的。明明想當領導者卻永遠無法成功，這份糾結感會讓你很痛苦喔！

給飼主的話 騎乘行為既是生殖動作，也是展現優越性的行動。若飼主乖乖讓兔子騎乘，會讓兔子誤以為自己的地位比較高。雖然身為兔子的我這麼說不太好，但若你沒有成為僕人的打算，就請不要讓兔子騎乘。

Column

去勢＆避孕

兔朋友們還是不要知道這是什麼比較好。兔子是一種繁殖能力極強的動物，若長時間未繁殖，隨著年齡增長，母兔的子宮和生殖系統都很容易出問題，即使是公兔也有可能會罹患生殖系統疾病，因此，大部分的飼主都會選擇幫兔子結紮。一般人不會讓兔子在家中繁殖，大多數的家兔雖然擁有生殖能力，但終其一生沒有交配經驗。

對兔子來說，是不動結紮手術，保持「自然狀態」比較好呢？還是降低罹患疾病的風險比較好呢？養兔子的飼主們常為了這個問題傷透腦筋。各方觀點不同，只能靠飼主自行抉擇，而我們兔子也只能乖乖接受。

我覺得不太舒服……

#過日子 #磨牙

大聲磨牙是兔子的求救訊號！請飼主立刻帶兔子去看醫生

嗯嗯？好像有聽到叩叩、喀喀的巨大磨牙聲，這是兔子在忍耐疼痛時會發出的聲音，這聲音到底是從哪裡傳來的……啊！你躲在窗簾後面對吧？竟然在這種地方縮成一團，看來你是真的覺得很不舒服，這時候最好的解決方式就是依賴飼主喔！飼主，快點過來！

給飼主的話

一旦示弱就會被吃掉……。長期在弱肉強食的世界求生存的我們會這樣想，所以在身體不適時會習慣躲起來。若發現兔子瑟縮在房間角落，恐怕是身體不適的警訊，請確認食量及排泄物後立刻帶牠去看醫生。

我討厭看醫生！

#過日子 #醫院

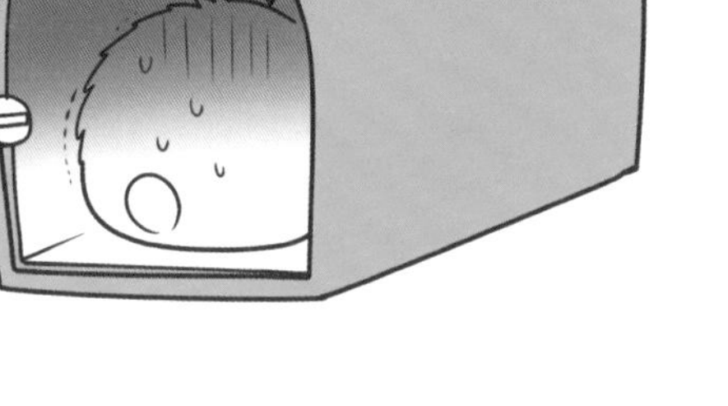

實際去過醫院後 會發現是個比想像中還棒的地方

光是出門就已經夠可怕了，更何況是要去動物醫院……。或許你會這麼想，但其實你不用怕成這樣啦！老實跟你說，我每年都會去動物醫院2～3次，接受一種叫做健康檢查的診斷。一開始我非常緊張，但獸醫的動作很溫柔，還會時不時給我吃小點心，我才發現醫院其實是個很棒的地方。你也趁身體健康的時候請飼主帶你去醫院見識見識吧！如果生病後才去，對醫院的恐懼會造成更大的壓力，讓你更痛苦。

給飼主的話 每隻兔子都有機會去動物醫院。若為了我們著想，就不要讓我們遠離醫院，而是要讓我們慢慢習慣。雖然一開始可能會有一點……有一些（？）害怕，但若常帶我們去剪指甲或健康檢查，讓我們慢慢習慣，我們的壓力應該也會減輕。

仰躺讓我快暈倒了……

#過日子 #仰躺

仰躺……對兔子來說是相當不自然的姿勢

仰躺時之所以會感到意識矇矓，是因為這個姿勢過於不自然，大腦受到太大的衝擊，陷入快要暈到的狀態。沒錯，仰躺對我們來說是非常不自然的姿勢。瞧瞧我們美麗的背部弧度。兔子的脊椎不像人類一樣筆直，而是呈現彎曲狀，若用外力硬把脊椎拉直，不僅會對骨頭造成負擔，還會對內臟施加壓力，使我們的大腦和身體都陷入恐慌。

給飼主的話 我知道剪指甲和去動物醫院看診時都需要仰躺，我們兔子有忍耐的底線，平常跟我們玩耍時絕對不要讓我們仰躺。絕對不能逼掙扎中的兔子仰躺，否則恐導致骨折。

咦？讓我單獨看家……？

#過日子 #看家

最好不要把兔子單獨留在家中過夜

那邊那隻被留在家裡的兔子，你是不是正在心想，主人該不會要我獨自看家2天1夜吧……？絕對不能小看「看家」這件事喔！當然，我們不會因為飼主不在身邊就寂寞而死，但卻有可能遇到意外事故，導致生命安全受到威脅。舉例來說，如果突然停電，空調設備停止運轉了怎麼辦？如果打翻水盆，水全濺出來怎麼辦？這些細枝末節的小事情都隱藏著致命危機。

給飼主的話 遇到意外事故時，兔子沒有能力自行解決。若不慎翻倒水，我們無法自己重新裝水，嚴重時恐引起脫水症狀。不得不外宿時，記得請家人或寵物照護員來照顧。

我們也相處很久了呢！

#過日子 #高齡

每隻兔子進入老年期的時間都不同，請飼主依照實際徵兆判斷

每隻兔子進入老年期的時間點都不同，通常大約從5～7歲開始，會陸續出現這類煩惱。因為不管年紀多大，兔子始終都保持嬌小又惹人憐愛的外表，所以飼主不容易察覺兔子已經進入老年期。太可愛也是一種罪過啊！動作變遲鈍、腿部和腰部力氣變弱，難以自行食用盲腸便等，這些都是兔子進入老年期的徵兆，希望飼主能多多留意。

給飼主的話 為了讓兔子度過舒適的老年生活，飼主需要從旁協助。當我們出現飲食喜好改變、難以食用盲腸便、屁股髒、理毛頻率降低等老化徵兆時，若飼主能幫我們整理環境、清理身體，我們會覺得很開心。

Column

兔子是群居動物……

狗的祖先「狼」的團體中會有一隻領導者，其他狼都臣服於牠。難道是因為這樣，所以狗才會對飼主言聽計從嗎？（最近狗跟人之間的關係也逐漸出現變化，比較流行友善的相處方式）

以前在野外生活時，我們穴兔也是群居的動物。一個兔子團體通常會有5～12隻兔子，由其中1隻成年公兔擔任領導者。團體愈龐大，母兔的比例會愈高。團體中的上下順序，只是代表繁殖時的「高低地位」而已，領導者並不會管理整個群體，因此，兔子雖然不會對飼主百依百順，但會有意願維持和平的團體生活。家兔能把人類視為團體中的同伴，也會想跟人類溝通。這對同樣是兔子的野兔（175頁）來說，是絕對不可能發生的事情呢！

飼主常做的事

驚慌
里歐，你怎麼了？
剛才睡覺睡到一半，主人突然把臉湊過來，
嗯嗯。
把我整個壓住後，從我身上用力吸下去！
吸—
我到底被她吸了什麼？
又出現一隻被吸的犧牲兔了……

溝通

妳會跟飼主溝通嗎？

人家可是女王喲！

才不管平民百姓的事情呢！

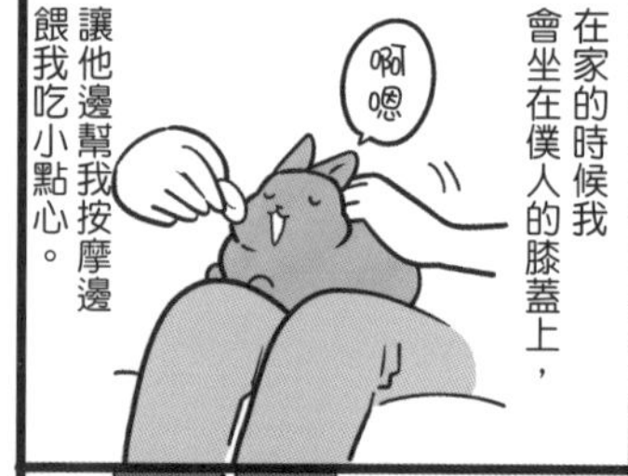

在家的時候我會坐在僕人的膝蓋上，
啊嗯
讓他邊幫我按摩邊餵我吃小點心。

為了避免僕人缺乏運動，我有時候還會大發慈悲追著他跑。
轉圈

女王跟僕人才不需要溝通呢！
這不是溝通得很頻繁嗎……。

5章

身體的秘密

認真學習兔子身體的秘密，

度過充實的「兔生」吧！

就算放在眼前我也看不到

#身體 #視野

「眼睛和鼻子前面」……這裡是我們的視線死角

前面有食物的味道，但是什麼也看不到……。每隻兔子應該都有過這種經驗吧？我們的雙眼分別位於臉的左右兩側，單眼的視野範圍約190度，非常寬廣，但鼻頭正前方正好是我們的視線死角，什麼都看不到喔！反正兔子的視力本來就沒有很好，我們不需要依靠眼睛，有鼻子跟耳朵就沒問題了。聞到香噴噴的味道時，多半是飼主正把食物湊近我們的鼻頭，這時候不妨放膽咬下去。

給飼主的話 不要因為我們對玩具沒反應就以為我們「沒興趣」。兔子的視野範圍可達360度，對光的敏感度也是人類的8倍，但只有左右視野的重疊範圍才能看到立體的影像。此外，兔子無法辨識「紅色」，可能會忽視紅色的東西。

我聽得到啦～

#身體 #聽力

長耳朵天線啟動中！小心巨大的聲音

咦？你說電視的聲音太大聲讓你很困擾？這也沒辦法，畢竟人類的耳朵實在太遲鈍了。你知道嗎？聽說人類聽不到貓頭鷹發出的超音波喔！而且人類的耳朵完全不會動，要是在野外根本無法生存呢！相較之下，我們兔子不僅能把耳朵轉到聲音傳來的方向，感測到來自全方位的音源，聽力也比人類好10～20倍。兔子的耳朵真的擁有非常強大的性能呢！

給飼主的話 當我們把耳朵整個立起來時，代表正在聽四周的聲音警戒。耳朵垂下來代表覺得安心或沒精神，請飼主從耳朵觀察我們的狀態。此外，我們也能分辨打開點心袋的聲音。

有時候覺得耳朵好擋路

#身體 #垂耳

這是垂耳兔才有的煩惱

「耳朵好擋路。」這麼抱怨的你，肯定是某種品種的垂耳兔吧！你難道沒發現，一直到最近為止，你的耳朵都還是立起來的嗎？耳朵逐漸下垂是成長的證據。被耳朵阻擋，看不到後方，讓你覺得心情煩躁。不用擔心，日子久了就會習慣囉！雖然聽力可能會受到一些影響，但你生來就是被人類飼養的家兔，生活中不需要用到敏銳的聽覺和寬廣的視野。而且就算耳朵垂下來，你的聽力還是比人類好上數倍，要對自己有信心一點！

給飼主的話 垂耳兔的內耳不易散熱，容易滋生細菌，請飼主務必積極清潔及檢查。此外，兔子的耳朵有可能會被自己的指甲刮傷，從小就必須好好修剪指甲。

鬍鬚的功用是什麼呢？

#身體 #鬍鬚

主要是用來確認嘴邊的東西喔！

「我長得這麼可愛，才不需要鬍鬚！」別這麼說，每隻兔子都會在不知不覺間受到鬍鬚的幫助。當你想鑽過狹窄的地方時，不就會先用鬍鬚測量寬度嗎？其實鬍鬚的寬度等同於我們身體的寬度。不僅如此，你還會用嘴邊的鬍鬚檢查食物吧？我們的視力不好，一定要靠鬍鬚輔助。有些飼主會把兔子掉落的鬍鬚當成寶貝一樣珍藏，這麼看來，飼主應該覺得我們連鬍鬚都很可愛，你大可放心啦！

給飼主的話 嘴巴上的鬍鬚特別敏感，請不要粗魯亂碰。有些人會把掉落的鬍鬚當成護身符一樣珍惜，但鬍鬚本來就會定期換新，掉落的鬍鬚既沒有神力也沒有你想像中的珍貴喔！

鼻子的動作停下來了

#身體 #鼻子的動作（動鼻子）

鼻子通常會在清醒時一直動，在睡覺時停止動作

各位兔朋友有沒有注意到呢？我們在聞東西的時候鼻子會一直動來動去，1分鐘甚至可以動到120次。當我們像這樣高速動鼻子時，代表正在探查周遭環境，努力辨識味道。放鬆或身體不舒服時，鼻子的活動速度會減慢，入睡後則會幾乎完全停止動作。那邊那位兔朋友，不要覺得動鼻子「很拙」！這可是在飼主之間超級受歡迎的「可愛」動作喔！

給飼主的話 兔子的嗅覺非常敏銳，能嗅出同伴的位置，以及確認是否有敵人。人類覺得香的味道，對兔子來說可能太過刺激。每隻兔子不喜歡的味道都不同，有些兔子可能會討厭香水、烤肉、狗狗等味道。

Column

能靠鼻子感應費洛蒙

人類將右頁介紹的活動鼻子的動作稱為「動鼻子」，聽說在歐美還有「用鼻子眨眼」的浪漫稱呼。

總之，我們在清醒時，無時無刻都會動鼻子，獲取各種味道情報。除了確認敵人的味道和食物的香氣以外，我們也不會放過戀人的味道。兔子的鼻子能嗅到費洛蒙的味道，藉此找到交配對象，還能聞出對方是否正處於發情期。

鋤鼻器的入口

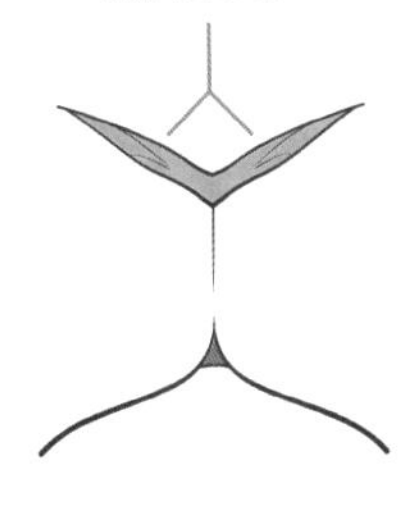

從正面看來，兔子的鼻子跟上唇裂縫正好呈現Y字形，相當醒目。Y字形接縫處有個凸起的部分，是兔子感應費洛蒙的器官「鋤鼻器」的入口。其他動物的鋤鼻器不會像兔子一樣直接露在外面（像貓咪就藏在嘴裡），由此可推知兔子繁殖力驚人的原因。

人類不像我們有「鋤鼻器」，究竟是怎麼尋找戀愛對象的啊？

為什麼有兩對門牙……

#身體 #牙齒

強韌的門牙是無堅不摧的萬用刀

從正面看來，兔子嘴裡的上排牙齒和下排牙齒各有兩顆門牙（門齒），但其實上排門牙的內側還藏著兩顆牙齒。也就是說，上排其實有兩對門牙，咬合時下排門牙會卡入上排兩對門牙之間。多虧了這種牙齒構造，幾乎沒有兔子咬不碎的東西。以前在野外生活時，門牙最適合用來咬斷阻礙巢穴的樹根和樹枝。如此優秀的門牙，是兔子的專利喲！

給飼主的話 包含門牙和臼齒在內，兔子共有28顆牙齒，跟人類一樣會從乳齒換成永久齒。不過，門牙乳齒在還在母親腹中時就會掉落，臼齒乳齒也會在出生1個多月後掉落。在這之後若發現兔子掉牙，就不是正常現象了。

牙齒一直長好困擾

#身體 #牙齒

雖然牙齒會一直長，但通常會自然磨短

兔子的牙齒終其一生會持續生長，但基本上只要有正常進食或咬東西，牙齒就會自然磨短。如果你發現「牙齒好像長太長了」，代表你沒有正確磨牙，可能是因為某些原因導致咬合不正。牙齒太長不僅會影響到飲食生活，也容易造成口腔內部受傷。飼主必須定期帶兔子到動物醫院磨牙齒。

給飼主的話 「咬合不正」是一種牙齒咬合關係不正確，導致牙齒生長過度的疾病。咬合不正的成因包括遺傳、過度咬籠子、遭遇摔落事故等。早期發現有機會矯正，接幼兔回家後應盡快帶牠到醫院檢查。

兔子會憑感覺生存

#身體 #感覺

強烈的警戒心是我們的才能

我們對細微的聲響和動靜容易有反應，也會睜著眼睛睡覺，飼主發現以後常笑我們「膽小」，但才不是這樣呢！我們可是憑著寬廣的視覺、能聽到遠處聲音的聽覺，以及能辨別敵我的嗅覺等多重感官特長才能存活至今。兔子能夠提早察覺敵人的動向，迅速移動到安全的場所。這不是比跟敵人正面交鋒還要合理嗎？強烈的警戒心也是一種才能喔！不過，最近我們自豪的耳朵似乎有縮小的傾向，看來被人類飼養也是有好有壞呢！

給飼主的話 雖然我們擁有引以為傲的感應器官，但若需要過度警戒，我們也是會感到疲累的。明白這裡是「能安心待著的地方」後，兔子自然會降低戒心。因此，請飼主不要做出會讓我們害怕的事情，讓我們更有安心感。

腿部肌肉很發達

#身體 #腿部

三十六計走為上策！自豪的腳力是為了逃跑～

飼主總是被我們圓滾滾的可愛體態吸引，容易忽略腿部，快來欣賞我們的美腿！兔子的後腳肌肉發達，強健的肌肉是迅速逃離敵人的利器。短短的前腳也不是省油的燈，短而結實的構造是為了方便挖掘巢穴。能跑跳又能挖掘的前後腿，可是我們的驕傲喔！

不過，為了方便逃跑，兔子的骨骼相當輕巧脆弱，聽說有不少兔朋友用自豪的腳力從高處往下跳，結果卻意外骨折……。

給飼主的話 兔子的腿部肌肉發達，認真起來可以跑到時速40～70公里。雖然兔子只有在被天敵追趕和逃跑時會全速奔跑，但平常外出放風時，也有可能會因為衝太快而不小心迷路，飼主一定要多多注意。

吞下肚的食物會通過腸子兩次

#身體 #盲腸便

兔子擁有能夠一草兩吃的獨特消化系統

兔子體內的消化系統所佔比例比心臟和肺部還要大，且擁有極為優秀的功能。進入腹中的食物在經過消化吸收後會流往小腸，大纖維形成糞便，其餘成分在盲腸內分解、發酵後，形成養分豐富的塊狀物，人類將此塊狀物稱為「盲腸便」。對我們兔子來說，盲腸便就像從屁股裡跑出來的營養食品一樣，把盲腸便重新吃回肚子裡，才等於有攝取到完整的植物養分。

給飼主的話 人類把這種自食糞便的行為稱為「食糞」，但我們在吃的東西不是糞便，而是營養滿分的補品，說我們骯髒未免太失禮了，我們只是在攝取必要的營養成分而已！……雖然有時候也會不小心吃到普通的糞便就是了。

消化系統異常

#身體 #糞便

糞便異常代表身體出問題了！

正常的兔子糞便直徑約1公分，質地硬實，呈現圓形粒狀。若糞便的大小不一、比平常還小、形狀或份量跟平常不同，正是消化系統出問題的證據，飼主應盡快帶兔子到動物醫院檢查。不過，我們兔子總是一字號表情，即使身體不舒服也不會表現出來，因為我們有著不輕易示弱的本能（示弱會有生命危險！）。不妨把糞便移到飼主容易看到的地方，等他自己發現吧！

給飼主的話 糞便是健康的指標，每天都必須檢查兔子的糞便。順帶一提，盲腸便像葡萄一樣呈現顆粒串狀，但兔子通常會直接把頭湊到屁股去吃，飼主比較沒有機會看到。若發現盲腸便掉落，可能是嘴巴碰不到肛門等問題所致。

開始掉毛……

#身體 #換毛

春天和秋天都是換毛的季節

兔子會在夏天披著一身涼爽的夏毛，在冬天換上一身毛茸茸的冬毛。兔子的換毛期通常從春天和秋天開始，持續1個月左右，從頭部逐漸換到屁股。不過，若家兔生活在溫度差異不明顯的室內，換毛的速度也沒有規律可循，可能會在短時間內大量換毛，也有可能會在整年間少量換毛。我以前的掉毛量非常誇張，最近可能是新陳代謝變差了，換毛速度變慢，一年四季看起來都很豐滿。

給飼主的話 每隻兔子換毛的方式都不同，年輕時的掉毛量可能會非常驚人，飼主不要被嚇到喔！有時候已經掉毛和還沒掉毛的交界處會形成像麥田圈一樣的紋路，飼主可以好好欣賞這幅長短毛混雜的藝術作品。

直接吞下去

#身體 #毛

絕對不能吃進太多毛！飼主要幫忙梳毛

我們在自己理毛時，經常會連同毛一起吃下肚。平常吃下的毛會跟著糞便一起排出體外，但換毛期的掉毛量非比尋常，可能會在肚子裡形成毛球，造成腸道堵塞。此外，腸胃功能不佳時也是危險期。雖然我們可以掌握自己的換毛期，但卻無從得知腸胃功能何時會出問題，從平常就應該要乖乖讓飼主幫忙梳毛比較保險喔！

給飼主的話 從小就必須經常幫兔子梳毛，讓牠慢慢習慣。能幫助腸胃活動的食物纖維也很重要。若能讓兔子隨時都有牧草可以吃，那就再好不過了。有些輔助食品能促進毛球排泄，有需要不妨一試。

留下味道！

#身體 #臭腺

卯起來留下味道，強調這是自己的地盤！

被自己的味道包圍才能安心呀！我們兔子是弱小的動物，在外容易遭到天敵襲擊，所以我們必須在安全的居所留下自己的味道，以防遭到其他兔子霸佔。不過，每次好不容易留下味道後，飼主都會馬上用抹布或噴霧除掉……到底要我們重複幾次動作才好呢？沒辦法，今天也要卯起來留下自己的味道。用尿液標記飼主可能會擦得特別勤奮，建議大家用下巴磨蹭就好了。

給飼主的話 兔子用下巴磨蹭傢俱或飼主並不是覺得下巴癢，也不是在撒嬌，而是因為下巴有臭腺，磨蹭此處能留下自己的味道，像是在宣示主權說「這是我的東西」一樣。

Column

用臭腺留下味道♪

兔子能從味道獲得各種情報。由於兔子是地盤意識強烈的動物，因此習慣在自己的東西上留下味道。能分泌出自身味道的器官名為「臭腺」。兔子的臭腺分別為下巴腺（頷腺）及鼠蹊腺（位置如下圖所示），位於肛門的臭腺會有糞便的味道。

頷腺

位於下巴的臭腺。兔子會用下巴在想留下味道的東西上磨蹭標記（右頁）。母兔會在自己的孩子身上標記，以防幼兔遭到團體中的成兔驅逐。

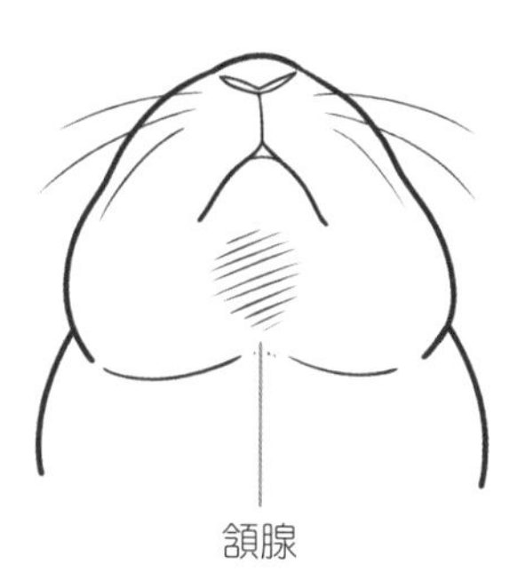

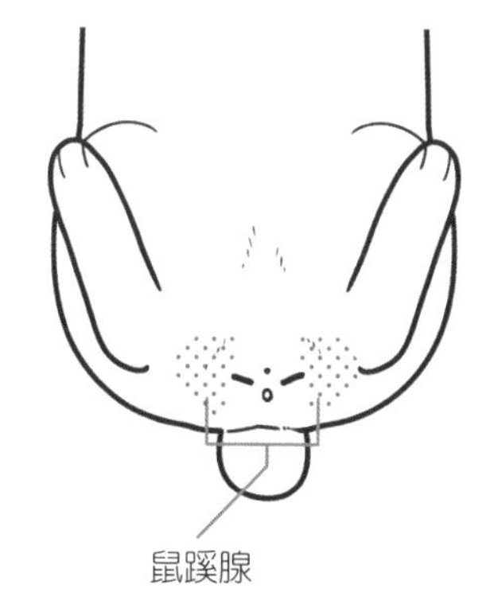

鼠蹊腺

位於外陰部側面的臭腺。此處容易堆積分泌物，兔子可以自行清潔，飼主也可以在檢查時順道清理。

你是公兔還是母兔呢？

＃身體　＃性別

年紀愈大差異會愈明顯喲

喔喔？這是猜謎遊戲嗎？分辨公兔與母兔的最大關鍵在於有無睪丸，但在幼兔時期還真的看不出來呢！兔子在出生4個月後會迎來性成熟期，此時公兔的睪丸會下垂，一眼就能看出來，飼主可以等到這時候再來確認性別。順帶一提，母兔下巴下方的肉垂特別發達，會變得很蓬鬆。從個性上來看，一般認為公兔比較頑皮、愛撒嬌，母兔比較沉穩，但每隻兔子個性不同，我也不方便多說什麼……。

給飼主的話　性成熟的變化也會表現在行動上。公兔的地盤意識會增強，常做出騎乘或標記等動作；母兔可能會出現假懷孕（90頁）的現象。假懷孕中的母兔可能會拔下自己身上的毛築巢，飼主務必特別留意喔。

Column

公兔和母兔的差別

「原本以為是公兔（母兔）結果竟然是母兔（公兔）」，這在兔子飼主間似乎是「稀鬆平常」的誤會。很多公兔（母兔）會沿用飼主以為牠是母兔（公兔）時就取好的名字。剛出生的幼兔，就是這麼難分辨性別。但隨著年齡增長，生殖器成長茁壯後，就會像下圖一樣一目瞭然了。

除了能從生殖器分辨以外，母兔進入性成熟期後，下巴下方會出現俗稱「圍巾」或「毛毛」的肉垂（164頁）。公兔則是地盤意識會增強，開始出現噴尿等行為。不過，每隻兔子的狀況不同，也有不少公兔不會噴尿。

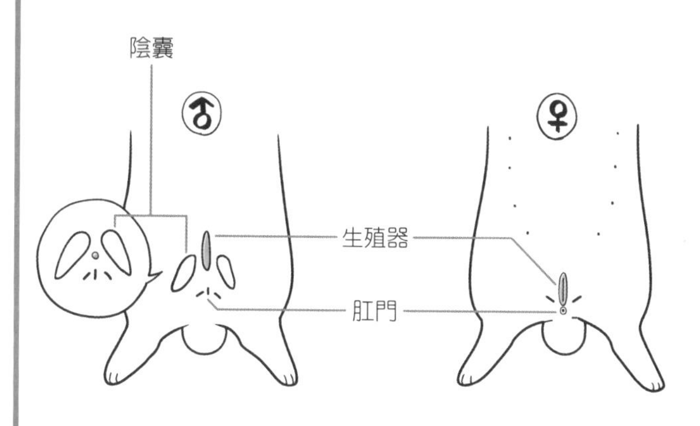

公兔

性成熟後，陰囊會變得非常明顯。陰囊上不會長毛。

母兔

外陰部直向裂開。尿道跟陰道為同一處。

這可不是領巾喔

#身體 #圍巾

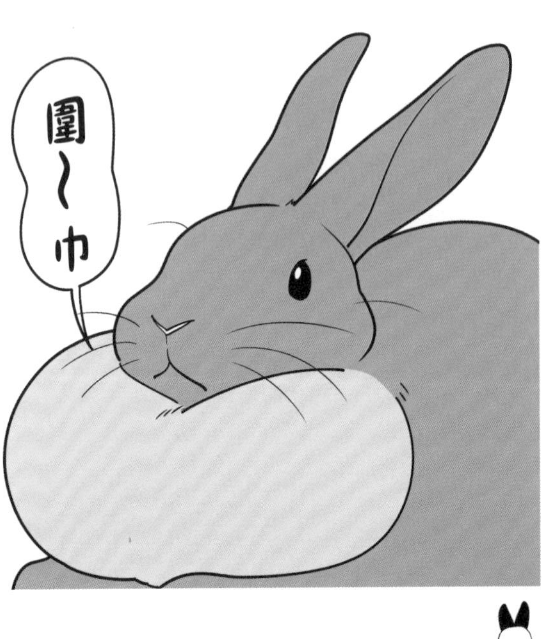

這可是母兔專屬的重要能量來源呢

你的肉垂真壯觀呢！咦？你不喜歡這個稱呼？好吧，那我像飼主一樣稱呼它「圍巾」好了。這個肉垂……不對，這個圍巾只會出現在成年母兔身上，是冬天和生產時的能量來源。也有人認為母兔頸部周圍的毛之所以特別發達，是因為母兔會拔毛築巢。不管怎麼說，圍巾都是母兔才有的神祕現象。如果公兔身上也出現圍巾……嗯，那就只是單純太胖了啦！

給飼主的話 有圍巾的母兔看起來非常可愛，缺點是愈壯觀的圍巾愈不容易散熱……。飼主必須仔細檢查兔子是否有皮膚炎。此外，過大的圍巾也有可能會影響到梳毛和食糞，請適時給予輔助。

搞砸了……

#身體 #受傷

「一時疏忽，傷害一生」

以前在野外生活時，我們兔子隨時都必須留意敵人的氣息，現在住在人類的家裡同樣也要注意安全。不同於一望無際的山林，家中可能會突然出現階梯或牆壁，或是地毯等容易勾到指甲的陷阱。我就看過好幾隻兔前輩在家裡活動得太激烈，不慎從高處摔落或撞到物品而骨折，還聽過兔子被牧草戳傷眼睛，或是咬電線造成觸電……。咦？這麼說來家裡似乎比山上還危險？

給飼主的話 為了方便迅速逃離敵人，我們兔子的骨骼構造十分輕巧，一不小心就容易骨折、扭傷或脫臼。雖然地毯很危險，但光滑的地板也容易滑，恐導致兔子罹患「開張肢」，請飼主務必確認室內安全無虞！

生病是什麼意思啊？

#身體 #生病

每隻兔子都會生病 與其擔心不如做好現在能做的事

年紀大了自然容易生病，身體可能會出現疼痛症狀，或是變得容易倦怠。這時候飼主必須帶兔子到動物醫院檢查，但既然都要去一趟了，還是找熟悉兔子狀況的醫生比較理想呢！就交給之前身體健康時幫忙做健康檢查、值得信賴的醫生吧！這些事情就交給飼主處理，我們兔子得習慣被人類觸碰才行。如果你害怕肢體接觸，醫生根本無法幫忙進行治療喔。

給飼主的話 早期發現早期治療是最重要的。只要掌握兔子容易罹患的疾病，就能及早察覺異樣。請務必多學習相關知識。不過，若無掌握健康狀態就無法即時發現變化，每天都必須仔細幫兔子檢查健康狀態才行！

Column

能透過健康檢查得到的資訊

發現身體不舒服，覺得「好像怪怪的」的時候，你會怎麼做呢？是的，我能理解你的想法，你絕對會裝成沒事發生的樣子，以免被他人發現異狀，對吧？這是在野外生活時的正確答案。若露出任何一絲身體不舒服的模樣，就會讓敵人有機可趁。即使現在已經成為人類的寵物，我們兔子依然習慣隱藏身體的不適感。

因為兔子的健康狀態實在太難以掌握，所以飼主有事沒事（其實是有事啦）就會帶兔子到動物醫院做「健康檢查」。健康檢查的內容包括抽血檢查、照X光或CT等。雖然做健康檢查很難受，但有機會發現潛藏的疾病。有些兔子在做了「健康檢查」後，早期發現患病，趁症狀輕微時順利恢復健康。因此，當飼主想帶你去做「健康檢查」時，最好乖乖接受。

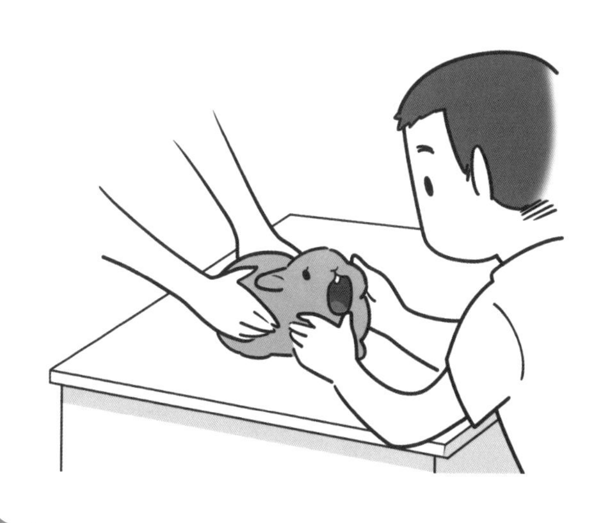

中場休息

動鼻子

巨子小姐在睡覺～
雖然眼睛張開但鼻子沒在動
呼嚕～～
好像睡得很舒服。
啊！
抽動
好像鼻子在動一樣。
抽動
咦……總覺得……
看著巨子小姐跟蝴蝶，
連我也跟著睏了起來……
……呼嚕

挖掘

聽說這一帶藏有寶藏喔！
真的嗎！
我們來把它挖出來吧！
挖挖挖
挖挖挖
挖挖挖
挖不開耶……
好硬喔……
你們還太嫩啦……
嘿嘿嘿…
地板

6章 兔子雜學

絕對能派上用場的兔子小知識。
從今天起你也是兔博士！

「兔子」之名如何而來？

#雜學 #名字

也有人認為語源是「薄毛」……

雖然沒有明確的證據，但據說日本在平安時代以前都是用干支的「卯（う）」來稱呼兔子，進入明治時代後，才開始使用「兔子（うさぎ）」一詞，由來眾說紛紜。有一說認為佛教徒把兔子視為鳥類（可食用動物），因此在「卯」後方加上鳥類的「鷺（さぎ）」。另外也有人認為「兔子」之稱是口音太重的人要說「薄毛（うす毛）」時造成的混亂。或許是從兔子身上取毛皮時，太容易撕破毛皮，才用「薄毛」來稱呼。

給飼主的話　日本小學教的兔子量詞是「羽」，據說這個詞也是源自和尚想吃禁止食用的獸肉，而將兔子視為鳥類。也有一說認為用「羽」當量詞是因為兔肉的味道跟鳥肉很相似。反正對我們來說，兔子的量詞不管是「匹」還是「羽」都沒差啦。

用兔子當國名的國家

#雜學 #國家

穴兔的故鄉是西班牙！

很多人以為穴兔的故鄉是英國，但往前追溯會發現穴兔的故鄉其實是西班牙。西元前一一〇〇年左右，地中海東岸的腓尼基人在西班牙某地發現數量龐大的穴兔，令他們大為震驚。由於這種至今從未見過的動物跟腓尼基人本國的蹄兔十分相似，因此他們將該地命名為「蹄兔之地（i-shfanim）」。此地名轉為拉丁文後為Hispania，即為現在英文中的「西班牙（Spain）」。

給飼主的話 人類在亞洲和北非的始新世後期（約4千萬年前）地層裡，發現最古老的兔形目化石。雖然在腓尼基人的記錄中就有飼養兔子的記錄，但人類飼養兔子的開端，應是從西元前750年後，羅馬時代的人養來食用開始。

兔子是何時來到日本的呢？

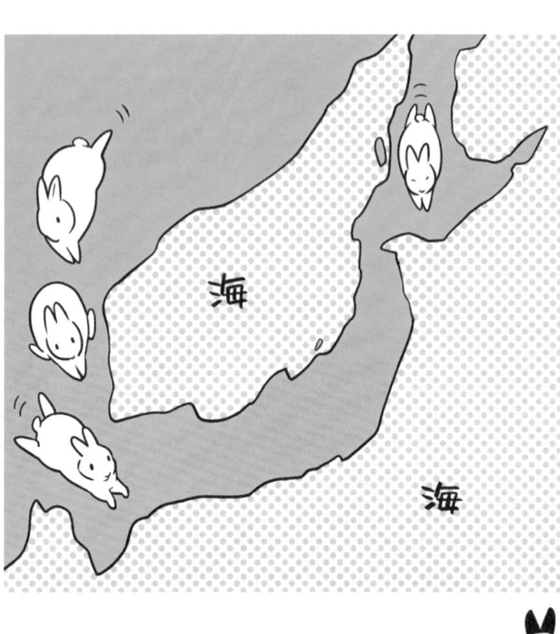

「家兔」在室町時代來到日本

據說在繩文時代日本人便會食用野兔。最早在文獻中登場的兔子，是知名古籍《古事記》（七一二年）的「稻羽（因幡）之素兔（白兔）」。內容講述一隻想欺騙海鱷渡海，結果遭到剝皮的兔子。室町時代的天文年間（一五三二～一五五五年），「家兔（穴兔）」首度從荷蘭傳入日本。到了明治時代後，日本從美國、歐洲及中國進口大量的家兔，掀起一股兔子風潮。

給飼主的話 在明治初期曾掀起一股異樣的兔子風潮，當時1隻兔子的售價甚至直逼1輛車。明治6年12月，政府開始實施高額的「兔子稅」，每販售1隻兔子需繳交1日元，使兔子風潮瞬間平息。

Column

住在日本的各種兔子

現在被人類眷養的「家兔」是穴兔的子孫。在日本有4種類型的「野生兔子」。

野兔

分布在本州、四國、九州等日本全域，正式名稱為「日本野兔」，只在日本棲息。居住在雪地的野兔，會在冬天換成白毛。

雪兔

分布在歐亞大陸北部冬天會積雪的區域。在日本有棲息在北海道的「蝦夷雪兔」。

蝦夷鼠兔

棲息在西伯利亞一帶的東北鼠兔的亞種，居住在北海道的山中等地。會在岩石的隙縫間築巢，還會頻繁發出銳利的叫聲（23頁）。

琉球兔

日本特有種，指定為特別天然紀念物，棲息在奄美大島及德之島。耳朵很短，後腳也不長，保有相當原始的外型。

我們曾經是穴兔

#雜學 #穴兔

因為我們是穴兔的子孫，所以才能跟人類一起生活

現在人類飼養的兔子雖然有多種不同的品種，但基本上全都是「穴兔」的子孫。無論是荷蘭垂耳兔等垂耳兔，還是安哥拉兔等長毛種，全都是人類將「穴兔」改良後，創造出的新品種。

穴兔是居住在巢穴的群居動物，相當適合跟人類一起生活。最早是羅馬時期的人們將穴兔當成家畜飼養，之後人們為了追求美麗的外觀及提升飼育容易度，陸續培育出多樣化的品種。

給飼主的話 也許有人會以為「野兔」就像「野貓」一樣，但其實「穴兔」跟「野兔」完全是不同的動物，連學名也不同（見左頁）。野兔等野生種的兔子基本上不會親近人類。

Column

穴兔和野兔有什麼差別呢？

從分類上來看，哺乳綱兔形目兔科之下有45種兔子，野兔屬有22種，穴兔屬有4種。飼主是「人類」，屬於哺乳綱靈長目人科，在分類學上跟猩猩一樣。從這個例子應該就能明白，為什麼穴兔跟野兔是完全不同的生物吧？

野兔沒有巢穴，在敵人環伺的環境中獨自求生；穴兔有巢穴，會群居在一起，具有社會性，因此能跟人類共同生活。

野兔

- 沒有巢穴。
- 剛出生的幼兔就有長毛，視覺和聽覺也很發達。
- 出生後立刻就能活動。
- 基本上單獨生活。
- 耳朵和後腿都很長。

穴兔

- 有巢穴，白天會躲在巢穴裡。
- 剛出生的幼兔沒有長毛，視覺和聽覺都尚未發達。
- 在巢穴裡生產及養小孩。
- 耳朵不算很長。
- 群體生活。

為什麼兔子的耳朵這麼長呢？

#雜學 #耳朵

以鼠兔為例 思考兔子為何會進化

長耳朵是兔子的標準配備，但原始的鼠兔耳朵卻很短，這是為什麼呢？

鼠兔生活在岩石地帶，我們的祖先穴兔生活在草原，比較兩者的生活環境後會發現，這兩個地方的「視野遼闊度」完全不同。鼠兔生活在視野良好的岩石地帶，容易發現敵人的蹤跡，用叫聲通知地盤裡的同伴有危險。然而穴兔生活在視野處處受阻的草原上，若沒有又長又敏銳的耳朵，肯定一下子就被敵人解決掉啦！

給飼主的話 穴兔通常會躲在巢穴裡，因此耳朵比野兔還短。此外，兔子的耳朵也有調節體溫的功能，奔跑後體溫升高，耳朵上大量血管（愈接近表層愈容易冷）裡的冰涼血液就會往下流，進而降低全身的溫度。

兔子會蛀牙嗎？

#雜學 #蛀牙

野生動物明明不會蛀牙的……

蛀牙的原因是吃進嘴裡的砂糖或果糖，形成酸性物質腐蝕牙齒。自然界中的食物不會含有過量的糖分，因此野生動物基本上不會蛀牙。兔子賴以為生的植物裡雖然有糖分，但含量非常少。不過，若人類給兔子吃太多寵物零嘴或水果，就有可能會害兔子蛀牙。你說反正兔子的牙齒會持續生長，就算蛀牙也沒關係？不不不，蛀牙很有可能會導致齒根膿瘍喔！

給飼主的話 「齒根膿瘍」指的是齒根（牙齒根部埋在牙齦裡的部分）蓄膿的腫脹狀態。會造成持續性疼痛，無法正常進食。兔子需要透過持續進食才能維持腸道蠕動，否則身體會出問題，蛀牙和齒根膿瘍的嚴重性都遠超過你的想像。

最古老的兔子品種是什麼呢？

#雜學 #品種

安哥拉兔是最早的英國種之一

15～16世紀間，養兔文化愈來愈興盛，人們開始改良玩賞用的稀有兔種。英國的愛兔人士們成立兔子社團，在各地舉辦評比會，對不同品種的兔子進行改良，安哥拉兔便是最早的改良品種之一。安哥拉兔源於18世紀前半的土耳其安卡拉省，開發者不明。順帶一提，我的品種是喜馬拉雅兔，是一種由來不明的古老品種喔！

給飼主的話 安哥拉兔的高級毛皮會被用來做成毛料，毛絨絨的觸感最棒了，但保養很費工夫。現在已經改良出許多與安哥拉兔混種交配的長毛種，這些長毛種都需要人類幫忙打理。

垂耳兔的祖先是誰呢？

#雜學 #垂耳

垂耳兔是基因突變所造成

兔子有立耳型跟垂耳型，耳朵往下垂的兔子統一稱為「垂耳兔」。問題來了，在荷蘭垂耳兔、法國垂耳兔等各種垂耳兔裡，誰才是最古老的垂耳兔呢？答案是英國垂耳兔。瞧瞧這對長到拖地的超長耳朵，大家應該都會心服口服吧！英國垂耳兔是最古老的垂耳兔品種之一，據說已經有一千七百多年的歷史。在評比會上，垂耳兔的耳朵愈長愈有價值，金氏世界紀錄保持者的耳朵甚至長達79公分呢！

給飼主的話　垂耳兔的耳朵容易悶熱（148頁），天氣熱時也無法迅速調節體溫，飼主需要多留意。有時候會看到垂耳兔用耳朵遮住臉，其實牠是在尋找聲音來源，就像立耳兔把耳朵轉到傳出聲音的方向一樣喔。

兔子可以洗澡嗎？

#雜學 #洗澡

兔子當然不可以洗澡！

兔子的身體不會產生異味，只要身體健康就不會髒，完全不需要洗澡。熱水會導致體溫飆升，濕淋淋的身體一旦受寒也會威脅到生命安全。而且兔子不會像狗一樣抖動甩水，身體很難完全乾燥。

你為什麼會想洗澡呢？如果是因為某些原因弄髒屁股，可以請飼主幫忙清洗屁股就好了。

給飼主的話 屁股髒到擦不乾淨時，不要全身都洗，只洗屁股就好了。在臉盆裡放溫度適中（約41℃）的溫水清洗。若全身都髒兮兮，可能是環境或生病等原因所致，請找出元凶！

兔子有辦法跟其他動物當好朋友嗎？

#雜學 #天敵

只要待在一起，就可能會以為對方是「同伴」

不管是什麼動物，只要從小一起飼養，彼此之間就會產生同伴意識。也就是說，哪怕是獅子跟老虎，也有機會和平共處……。聽起來像童話故事一樣夢幻，實際上又是如何呢？若其中一方已經成年，難保不會發生意外事故。兔子並不喜歡跟其他動物一起生活，若礙於飼主的家庭環境不得不跟其他動物同居，一定要小心有牙齒的動物和猛禽類喔！

給飼主的話 兔子在面對敵人時並沒有反擊的手段，跟天敵動物一起生活，容易對兔子造成壓力。就算有些兔子不會介意，飼主也必須提高警覺，不能移開視線。

兔子的巢穴是怎樣的構造呢？

#雜學 #巢穴

在「兔子洞窟」中過著集體生活

兔子過著集體生活，高地位母兔跟低地位母兔住在一起（39頁），巢穴裡該不會像「後宮」一樣……？大家應該都很好奇吧？兔子的巢穴裡會有寢室、客廳等多個房間，每個房間都有通道連接。一般來說，母兔要生產時會在附近挖掘新的洞穴，並在安全的環境裡育兒。基本上母兔之間會互相包容，維持和樂融融的關係。兔子之間雖然有上下關係，但不會像狗類或人類體育界一樣嚴格。

給飼主的話 兔子在保護「地盤」時會打架。每隻公兔都想確保比其他兔子還要有利的場所（好挖又不容易坍塌的地盤等）。由於公兔的上下關係會影響到繁殖和地盤，因此關係會比較緊張。

Column

兔子的 LOVE×LOVE大作戰

當團體中的母兔發情時，地位最高的公兔會翹起尾巴，在母兔身旁跳來跳去，或朝著母兔噴尿。這正是兔子的求偶方式。若母兔接受公兔的求愛，會翹起尾巴蹦跳後，趴下身體抬高屁股。接著公兔會朝母兔飛奔而來，開始交配。兔子的交配時間非常短，約30秒就能結束，交配後公兔會往旁邊或後方倒下。交配會刺激母兔排卵，若有成功受孕，就能生出小兔子。

交配後母兔會在地盤的某處挖洞，並在洞穴中生產。像這樣在遠離平常生活的地方生產，是為了避免幼兔遭到敵人襲擊。地位高的母兔能在比較安全的地方（高處等）挖洞穴養小孩。

竟然有藍色眼睛的兔子？

#雜學 #眼睛

這是一種名為「藍眼白兔」的兔子

兔子的眼睛有5種顏色，分別是棕色、藍灰色、紅色、灰色和藍色。棕色看起來像黑色，是一種被稱為自然瞳色的顏色。藍灰眼睛的虹彩（黑眼珠）周圍是灰色，灰眼睛的虹彩周圍是淡棕色，紅眼睛的虹彩是紅色、周圍是粉紅色，藍眼睛的虹彩和周圍都是藍色。眼睛的顏色也跟毛色有關，藍眼睛兔子的毛色通常是白色的，因此被稱為「藍眼白兔」。

給飼主的話 日本人對兔子的印象通常是白色的毛配上紅色的眼睛，這種兔子名為「紅眼白兔」。我們喜瑪拉雅兔毛色則有4種，分別是白×黑、藍色、巧克力色和紫丁香色，眼睛則全都是紅色。

Column

化身成月亮的兔子

日本人從以往就常把兔子跟月亮連結在一起，這種聯想究竟是從何而來呢？

或許是因為古代中國人相信月亮上有兔子居住，日本人受到此想法影響。此外，在取材自佛教傳說的《今昔物語》中，有個故事是帝釋天化身成飢餓的老人，現身在猴子、狐狸跟兔子面前，兔子為了拯救老人，犧牲自己跳入火中，深受感動的帝釋天讓兔子升天上了月亮。

日本除了有很多像這樣將兔子「神格化」的故事以外，也有像童話《咔嚓咔嚓山》一樣，描寫狡猾兔子的故事。這應該就是所謂的「反差愈大愈受歡迎」吧！

用○或✕來回答吧

兔學測驗 -後篇-

接續前篇，來複習4～6章的內容。
目標是拿滿分！

第 1 問	抓著**耳朵**把兔子提起來， 兔子就會乖乖聽話。	[　　　]	→ 答案、解說 P.105
第 2 問	兔子太寂寞**會死掉** 只是謠言而已。	[　　　]	→ 答案、解說 P.115
第 3 問	兔子的團體中沒有**領導者**。	[　　　]	→ 答案、解說 P.119
第 4 問	兔子在飼主身旁**繞圈圈** 是在威嚇飼主。	[　　　]	→ 答案、解說 P.129
第 5 問	兔子爬到飼主身上是在 展示自己的**高地位**。	[　　　]	→ 答案、解說 P.133
第 6 問	兔子不滿時會把**屁股**朝向飼主。	[　　　]	→ 答案、解說 P.125
第 7 問	兔子在希望飼主停止梳毛時 也會**舔飼主**。	[　　　]	→ 答案、解說 P.130
第 8 問	兔子是**夜行性動物**。	[　　　]	→ 答案、解說 P.104

第 9 問	看到飼主跟平常不一樣， 兔子會**擔心**。	[　　]	→ 答案、解說 P.113
第10問	想要摸摸時，兔子會伸出**額頭**。	[　　]	→ 答案、解說 P.108
第11問	兔子停止動鼻子代表在**睡覺**。	[　　]	→ 答案、解說 P.150
第12問	兔子的門牙是**雙排**。	[　　]	→ 答案、解說 P.152
第13問	兔子不會**蛀牙**。	[　　]	→ 答案、解說 P.177
第14問	健康的糞便為圓形， 約**直徑1公分**。	[　　]	→ 答案、解說 P.157
第15問	兔子不想在**便盆**留下味道。	[　　]	→ 答案、解說 P.116

答對11～15題

謝謝你專心聽我上課！

答對6～10題

在野外掉以輕心可是會小命不保，再仔細看一次吧！

答對0～5題

就算生活在安全的環境，你也太不把自己當兔子了……。

答案:1× 2○ 3× 4× 5× 6○ 7○ 8× 9○ 10○ 11○ 12○ 13× 14○ 15×

INDEX

#心情

#動作

 # 生活

#過日子

#身體

#雜學

監修　石毛じゅんこ

領養棄兔「Usako」後，親身感受到兔子的可愛與聰慧，下定決心把人生奉獻給兔子。2011年開設兔子專用旅館「老兔安養院『うさこんち』」。過著天天與大批兔子為伍的生活。All About兔子導覽、玩賞動物飼養管理士、動物處理業登錄責任者。

監修　今泉忠明

哺乳類動物學家。日本動物科學研究所所長。從東京水產大學（現名東京海洋大學）畢業後，在國立科學博物館學習哺乳類分類學及生態學。著作、監修作有《ハムスターがおしえるハムの本音》（朝日新聞出版）、《おもしろい！進化のふしぎ ざんねんないきもの事典》（高橋書店）等多本書籍。

插畫　井口病院

出生於長野縣，熱愛兔子的漫畫家、插畫家。心願是溺死在兔子堆裡。主要著作有《うさぎは正義》、《ぽぽたむさまのマフマフには敵わない！！！》（皆為Frontier Works）。

封面・內文設計　細山田デザイン事務所（室田 潤）
DTP　長谷川慎一
執筆協力　高島直子
編集協力　株式会社スリーシーズン

出　　版／楓葉社文化事業有限公司
地　　址／新北市板橋區信義路163巷3號10樓
郵政劃撥／19907596 楓書坊文化出版社
網　　址／www.maplebook.com.tw
電　　話／02-2957-6096
傳　　真／02-2957-6435
翻　　譯／張翡臻
責任編輯／謝宥融
內文排版／楊亞容
港澳經銷／泛華發行代理有限公司
定　　價／300元
出版日期／2019年10月

國家圖書館出版品預行編目資料

兔兔跟你想的不一樣 / 石毛じゅんこ, 今泉忠明監修 ; 張翡臻翻譯. -- 初版. -- 新北市 : 楓葉社文化, 2019.10　面；　公分
ISBN 978-986-370-203-0（平裝）
1. 兔　2. 寵物飼養
437.374　　108012601